# 良心的抵抗への呼びかけ

## 地球と人間のためのマニフェスト

ピエール・ラビ
武藤剛史訳

四明書院

Pierre RABHI
*MANIFESTE POUR LA TERRE ET L'HUMANISME*
*Pour une insurrection des conscience*
Préface de Nicolas HULOT

This book is published in Japan
by arrangement with Éditions Actes Sud
through le Bureau des Copylights Français, Tokyo.

# 序言——まず良心にしたがう

ニコラ・ユロ
（自然と人間のためのニコラ・ユロ財団会長）

このひとの言葉に耳傾けよう。

彼の言葉は天から降ってきたわけではないし、保守的良識人を代弁するものでもない。これらの言葉には、厳しい現実に直面しながらも、みずからの良心に忠実に生きてきたひとりの人間の稀有なる人生の重みがこめられている。ピエール・ラビは遠くからやってきた。しかも彼は、誰にも頼らずに、自分の腕ひとつで生きてきた。時代は、アルジェリアの砂漠に生まれたこの若者に冷酷だった。日々の糧を得るために、身を粉にして働いた後、人生の活路をもとめてフランスにやって来た。フランスでは、いくつかの工場で働いたあと、アルデシュの石ころだらけの畑を耕して、家族を養ってきた。だが、ピエールは過酷な試練によく耐えた。彼独特の奥深い文明論的省察は、こうした人生経験から生まれたものである。

彼が味わわねばならなかった人生の苦難の大きさはほとんど信じがたいほどだが、そうした苦難も含めて、この世の生は最高の贈物であると、ピエールはつねに思い続けてきた。彼は、自分を取り巻く世界と平和な関係を保ち続けることを日々の喜びとし、世界の美しさと調和を愛《め》でてやまない。多くの現代人の魂を苛んでいる不安や不満の感情も、彼には無縁のようだ。ピエールは生きることを心から楽しんでいる。自然は彼を魅了し、彼の人生は輝きに満ちている。当然ながら、彼は日々の暮らしを大切にし、自分の周囲にあるすべてのもの、とりわけ、打ち震え、うごめき、日々変化していくすべての生きものたちに深い愛着を抱いている。そうした周囲のものたち、これらの滋養豊かな腐植土から、彼は生きる力を汲むとともに、独自の価値観を築きあげてきた。現代社会への抵抗運動を彼が企てるようになったのも、彼が日々親しみ、なじんできた生きものたちを守りたいという一念からである。彼の抵抗運動は力強いとはいえ、まったく平和的である。そもそも、日々の生活のなかで彼が企てるひとつひとつの活動が、そのまま抵抗運動になっているのだ。

なぜ抵抗運動か。それは彼が、生きることを喜びとしながらも、大きな危惧を感じているからだ。彼を苛んでいるのは、地上の生きとし生けるものを生かしている生命の糸が、いまにも断ち切られてしまうのではないか、という重大かつ切迫した危機感である。ずっと以前から、彼はこうした地球規模の大災禍のさまざまな予兆を感じ取っていたし、人間文明の未曾有の危機がますます大規模に進行しつつあるのを自分の目で確かめている。その危機は、地球上のさまざまな資源が枯渇しつつあること、自然の生態系のバランスが崩れつつあることなどにもはっきり現われているが、それと同時に、そうした危機を前にしながら、人間の良心がますます鈍感になっているという深刻な事態がある。こうした人間精神の後退現象は、かつては人間を養うという高貴な使命を担っていた農業が、いまでは、生きとし生けるものを生み育てる肥沃な大地を破壊する産業になり果てていることに如実に現われている。本書が何より強く訴えようとしているのは、まさしくそのことなのだ。

今日、彼の考えが間違っていると、誰が言い張ることができようか。誰であれ、しっかり目を開きさえすれば、いまや同じ結論に至らざるをえないだろう。たしかに、つい数年前までは、ピエールと同じ現状認識に達し、深刻な憂慮を抱くひとはけっして多くはなかった。だが残念ながら、ピエールやエコロジストたちは正しかったのだ！　かつて、声高に警鐘を鳴らし続ける彼らを、ひとびとは大げさな破局論者とあざけったものだ。ところがいまや、それはまぎれもない現実となっている。文明は明日にも破滅しようとしている。そう、さまざまな危機がひとつに重なって、みるみるうちに押し寄せ、わたしたちを脅かしている。エルネギー危機、異常気象、食糧危機、生態的危機。こうした危機の重なりは、必然的に地球規模での社会不安や世界経済の減速をもたらすが、それによって生じる事態の深刻さははかり知れない。

いまやわたしたちは、地球規模でのギア・チェンジを、世界観の根本的転換を、待ったなしで迫られている。「人間をはじめ、すべての生きものが消滅するのを防ぐために、世界を変えよう」とピエールは訴える。彼のそうした訴えは、経済を変え、社会を変えることをめざす伝統的な政治運動にも重なるところはあるが、けっしてそれだけにとどまるものではない。単にそうした政治運動によって解決するには、事態はあまりにも深刻なのだ。ピエールは、ひとりひとりの良心に向かって、「自分がいかに無自覚であるかを自覚してほしい」と訴えかける。彼が願うのは、権力意志や支配欲の幻惑にまどわされずに、良心のあり方を根本から変えてほしいということである。というのも、ピエールが確信し、わたしたちもその確信を共有しているところだが、いまなにより必要なのは、わたしたち自身が人間に立ち戻らなければならないということなのだ。謙虚さ、節度、簡素、こうした美徳をひとりひとりが取り戻さなければ、また自分の精神のあり方を転換し、自分みずからが責任を負おうとしないならば、要するに、ひとりひとりの人間の心が根本的に変わらなければ、世界を変革するという企ては夢物語に終わるだろう。「人間解放に向かう道程で、人間自身がその障害になっている」とピエールは書いている。もちろん、ほかにもあらゆる種類の障害がある。政治的、経済的、思想的、宗教的障害。けれども、わたしたちひとりひとりのうちにある障害、つまり良心の欠落こそ、もっとも大きな障害なのだ。

わたしも、ピエールと同様に、人間を疎外し、人間が生きる環境を破壊するあらゆるものにたいするひとりひとりの良心的抵抗こそ、人類が最悪の事態に陥ることを回避するとともに、よりよく生きるための新しい時代の基礎を築くうえで、必要不可欠の条件になると信じている。そのために、本書が大いに寄与することを願ってやまない。

# 目次

## 第2部　ヒューマニズム



ブックデザイン　東幸央

社会階層、ナショナリズム、イデオロギー、政治的立場の違い、さらにはわたしたちが生きている公共的現実を分断しているあらゆる障害を超えて、人類に与えられた恵みをともに分かち合い、最悪の事態を回避するために、わたしはいま、あらゆるひとびとに、良心の抵抗と団結を呼びかけたい。

わたしたちの共通の運命のうえに重くのしかかる脅威の大きさを考えれば、この良心の抵抗と団結は、今日、かつてなく緊急かつ不可欠のものになっている。というのも、それらの脅威の根本原因は、わたしたち人類が、みずからの驕りによって、自然と生命の秩序と調和を無残に破壊してしまったことにあるのだ。

わたしのいう「良心」とは、人間ひとりひとりが、完全なる自由意志にもとづいて、生命にたいする責任の大きさを痛感し、自分自身のため、他者のため、自然のため、さらには未来の世代のために、真の生命倫理に基づく具体的行動を起こすことを可能にする内的領域のことである。

# 良心的抵抗への呼びかけ

## 地球と人間のためのマニフェスト

# まえがき

わたしは、この四十年のあいだ、人類誕生以来、〈自然〉が人間に課してきた掟を、あらためて真剣に受け止め、それに誠実に応えることによって、〈自然〉と人間の歴史がついに和解し協調する道を見出すべく、そのための実践活動を行ってきた。人類が生き延びるために、この和解と協調は、かつてなく、しかも決定的に、必要不可欠なものとなっている。

わたしは、自分の言っていることを実践し、また自分が実践していることを語るべく、言行一致をつねに心がけてきたが、そのために、いつの間にか、口頭であれ、文章であれ、あらゆる機会をとらえ、あらゆる方法を用いて、わたしが正しいと信ずる世界のヴィジョンをひとびとに伝えることを使命とするようになった。そのうちに、自分からあえて求めたわけでもないのに、わたしの語る言葉に真剣に耳傾けてくれるひとがしだいに多くなり、それとともに、エコロジーとヒューマニズムの両立をめざす、わたしの逆説的とも急進的ともいえるメッセージに賛同してくださる方々もますます増えてきた。わたしは今日なお、わたしの実践活動を支えている価値観が、どこに向かって流れているのか誰にも分からない世界の大洪水に呑み込まれないよう苦心しながら、現代社会のジャングルにひとつの道を切り開くべく、日々努力を続けている。

サン＝テグジュペリによれば、「書くことは結果である」。わたしもつねに、そう考えてきた。わたしのこれまでの歩みが、わたしの行動のあり方を、そして地球と人類同胞に注ぐわたしの眼差しを、おのずから説明してくれるはずである。本書でわたしが称揚している価値観は、わたしという小さな一個人の意見にとどまるものではなく、はるかに大きな普遍的意義を持つものと確信している。わたしが本書を書いたのは、わたしたちが信念と熱意と行動力をもって真剣にそうしたいと望むなら、わたしたちが作り上げてしまったこの不完全な世界、誰もが不満をかかえるこの世界は、まったく別の世界に変わりうる、ということを強く訴えたかったからである。一九八四年、わたしは『サハラからセヴェンヌへ』というタイトルの本を出版した。この本においてわたしは、あらゆるアイデンティティ、あらゆる帰属意識を離れた孤独な精神的探求を基調にしつつ、わたしというひとりの人間の個人的な経歴を詳細に描こうとしたのだが、やがてその精神的探求は、人生の美しさ、生命の美しさを単純素朴に味わうことの喜びへと変わっていった。幸い、この本はおおかたの好評を博したが、そのことは、わたしの個人的な体験からおのずから生まれてきたものではあっても、そこから浮かび上がってくる物の見方、考え方には、わたし個人を超えた普遍性があることをはっきり示しているだろう。わたしは教育に携わるいかなる資格もないし、学問を修めたり、研究機関に属したり、伝統的な専門知識を習得したわけでもないが、本書はわたしの実践活動を支えてきた思想のいわば集大成となっている。

今日、わたしは、人類が生き延びるためには、つぎのふたつの根本概念をひとつに統合することが不可欠であると信じている。ひとつは、わたしたちの生命が誕生した惑星である地球への、さらには地球上の肥沃な大地への、畏敬の念。もうひとつは、地球規模でのヒューマニズムの創出。そうしたヒューマニズムだけが、まさに奇跡ともいうべき人類の歴史に真の意味を与える思想となりうるだろう。

## 第1部
# 地球

地球という惑星はわたしたち人間の所有物ではない。わたしたち人間こそ、この惑星に属しているのだ。わたしたちは過ぎ去るが、地球はとどまる。

## 世界全体に押し寄せる食糧難の津波

これまでの半生を通じてわたしは、世界的規模で広がっている食糧難の悲劇について、ひとびとの注意を喚起することに全力を注いできた。それと並行して、まずは自分自身のために、そしてもっとも貧しい農民たちのために、どんな環境であろうとも、そこに生活する住民たちが自給できる農業技術の開発のために尽力してきた。遺憾ながら、わたしの予測は、今日、現実のものとなり、かつて有機農業の先駆者たちとともに予見したとおり、農業エコロジー[1▲]こそ、いまや不可避の解決法となっている。本章では、わたしたちが直面している破局的事態を見渡すとともに、わたし自身の四十年におよぶ経験と観察に照らして、この破局を回避すべき解決策を提示することにしたい。

### 世界はますます飢餓の危機に瀕し、いずれ西洋世界も例外ではなくなるだろう

食糧難の危機は間近に迫っており、すでにいくつかの地域で大きな惨禍をもたらしつつある。

近年、食糧暴動があちこちで起きている。とりわけ、二〇〇八年のはじめに、ハイチ、カメルーン、メキシコ、エジプト、ブルキナファソなどで起きた暴動は記憶に新しい。該当国のリストは膨大で、事態の深刻さを物語っている。FAO（国連食糧農業機関）は、三〇あまりの国で食糧価格の高騰が破局的な状況にいたっていることを指摘している。しかも、食糧難に見舞われている国々のうち、三つにひとつの国が、政情不安、さらには内戦状態に陥っている。IFAD（国際農業開発基金）の調査によれば、基礎物価が一パーセント上昇するごとに、食糧不足に陥るひとが一六〇〇万人増えるとされている。最近の予測では、今（二〇〇八年）から二〇二五年までに、十二億ものひとびとが慢性的に飢餓に苦しむとされている。この数値は、以前の予測のおよそ倍である。

いわゆる先進国でさえ、いまや食糧難の心配は他人事ではない。食糧の過剰——しかも、有毒物質の入ったあやしげな食品がますます大量に出回り、そのままゴミ箱に捨てられるものも

1）のちに詳しく述べられるが、「農業エコロジー」（agroécologie）とは、自然の法則を生かした有機農業を根幹としながらも、単なる栽培技術にとどまらず、自然および生命との和解・調和をめざす真のエコロジーの観点から、農業が営まれる環境全体を改善・回復することをめざす統合的計画であり、水の管理、水質の改善、森林復活、土壌侵食との闘い、生物多様性の保護、温暖化の問題、経済社会システムとの関係、人間と環境との関係、そうしたさまざまな問題を総合する多次元的な活動である。

少なくない――に慣れてしまった先進国のひとびとの多くは、いまなお、そうした事態を想像することすらできないだろう。食糧不足などけっして起きるはずはないという思い込みが、彼らの精神を眠らせてしまっている。彼らの関心は、いまのところ、もっぱら気象変動に向けられているようだ。真夏になって、焼けるような太陽が照りつけると、そのたびに誰もが、猛暑とか、干ばつとか、山火事とか、水不足とか、いろいろ心配するが、バカンスが終わり、町に帰って仕事に戻ると、そんなことはすっかり忘れ、今度は、洪水や冬の寒波が気にかかる。だがそんな気がかりも、世界的な食糧不足の到来を告げるさまざまな予兆を前にしては、ほとんど取るに足らないとさえ思われてくる。じっさい、この問題に関係するあらゆる要因が、すでに何年も前から、マイナスの値を示しており、それらの相乗作用によって、短期的および中期的に、非常に厳しい事態が予想される。そうした事態を回避するために、即刻、思い切った決断がなされなければ、世界はますます飢えていくばかりだろう。あらゆる問題のなかでもっとも深刻なこの世界的飢饉の問題は、教育の場でも、もっとしっかり取り上げられるべきである。地球について、また地球の営みのメカニズムについて、先進国の一般市民は知らなさすぎると言わねばならない。このような深刻な事態に立ちいたった複合的要因のおもなものを、以下に列挙してみたい。

――洪水、風害、森林伐採、そしてまた、土を固め、土中の養分を奪い、通気を悪くしてしまう、まちがった耕作法、ますます重量化し強力になる耕作機械などによって、肥沃な土壌が加速度的に浸食されている。

——地球上のさまざまな地域で土壌中の塩分が急速に増えている。

——化学農法のために、農地の自然的物質代謝が破壊され、その直接の影響として、飲料水や自然環境の汚染が進み、住民の健康被害も出ている。

——生物多様性が著しく損なわれている。植物においても、野生動物、さらには家畜についても、この現象が見られる。一万年ないし一万二千年におよぶ農業の黄金期を通じて、生物多様性こそ人類のもっとも重要な共同財産であったことを再認識すべきである。

——歯止めなき遺伝子操作、それにともなう種の特許化や企業による独占によって、一般農民は千年もの長きにわたって彼らの世襲財産であった大切な種を奪われ、その結果、彼らは一回限りの種をその都度買わされるという嘆かわしい事態が起きている。遺伝子操作が人間の健康や自然環境に悪影響を及ぼしていることは、厳密な科学検査によって明らかになっている(この問題に関しては、とりわけ、マリー＝ドミニック・ロバンの周到な調査をふまえた研究報告書『モンサント[2]が支配する世界』を参照してほしい)。

2）アメリカ・ミズーリ州に本社をもつ多国籍バイオ科学メーカー。

——これまで地域のすべてのひとに多種多様な食物を供給し続けてきた農民人口が、食糧の生産、加工、運搬を一体化したマクロ構造の出現によって激減し、その結果、一般消費者の食生活は不安定で気まぐれなシステムに大きく左右されるという由々しき事態が起きている。輸送や生産の効率化が最優先され、在庫は極力減らされる。いわゆるジャストインタイムの生産方式が好まれ、食糧の備蓄が敬遠される。

——車社会の維持を最優先にして、〈死の炭化水素農業〉という狂気が、人類を養うという崇高な任務を帯びているはずの肥沃な大地を代替燃料の供給源に変えてしまおうとしている。そのいっぽうで、希少化による原油価格の上昇がさまざまな生産活動に支障をきたし、とりわけ、第三世界の農業経営に深刻な影響がでるだろうと予測されている。というのも、一トンの化学肥料を生産するのに三トンの石油が必要なのだ。

——動物性たんぱく質の過剰消費が進んでいる。ところが、一キロの動物性たんぱく質を作り出すためには十二キロの植物性たんぱく質が必要とされる。FAOによれば、今日、地球上の耕作可能地の三〇パーセントが家畜用飼料の生産に割り当てられており、しかも、その大半はヨーロッパやアメリカの牧畜産業資本の傘下に置かれている。つまりそれだけ、自分たちの食糧を得るための耕作地を奪われ、飢えに苦しんでいるひとが多くなっているということだ。そのうえ、家畜たちがどんな餌を食べるかはともかく(草食も雑食もいる)、その飼育環境はきわめて劣悪で、彼らはまさにたんぱく質製造機械でしかない。動物といえども、彼らにそうした悲惨な境遇を強いるのは、「先進」を自負する社会にふさわしいことではあるまい。家畜は牧草地で自由に育てるのが自然であり、良質の動物性たんぱく質を供給するという意味でも理にもかなっている。

――ミツバチが急激に減っている。ミツバチは、はちみつというすばらしい食物をわたしたちに恵んでくれるだけでなく、わたしたちの食糧の三〇パーセントは、彼らの受粉活動のおかげを蒙っているのだ。

――食糧危機に関して、以上あげたさまざまな要因はたしかに深刻ではあるが、わたしたちにそれだけの意志と決断があれば、なんとか克服できる。ところがそれに加えて、人間の力の及ばない気象変動という大きな問題が深刻化しつつあり、すでにひどい干ばつ、洪水、異常高温、異常低温などが起こっている。そうした気象変動がやがて大異変となり、人類の未来を危うくするのではないかと恐れるのも、けっして誇大妄想とは言えない。人間が自然を征服するのではなく、自然のほうが人間の企てるさまざまな計画に限界を設け、歯止めをかける、そんな時代が始まりつつある。いまでも、多くのひとが自然を制御できるという幻想を抱いているが、それはまさに幻想にすぎず、わたしたちは自然を支配しているわけではないのだ。この明白な事実を理解し、受け入れることこそ、現実主義であり、正気と知恵の証である。

## 食糧難の悲劇は、人間を貶める、人類のもっとも恥ずべき失敗である

世界はいまや、ちぐはぐで相矛盾する人間の目論見や企てによって、すっかり損なわれており、そんな世界の現状が、ひとびとの怒りをかきたてたり、犠牲者たちへの同情を呼び起こしたりする。現代世界は、いわゆる「黄金の子牛」[3]、人間の心と魂にひそみ、硬く冷たく輝きながら、勝ち誇った鼻面を高々とあげている、あの偶像だけをひたすら崇める指導者や政府によって、ほとんど牛耳られている。お金が理性にしたがうと考えるのは幻想である。わたしたちが経済と称しているものは、永久に消えることなくたえず人間をかりたてる物質的欲望を満たすための手段でしかなくなっている。政治の舞台でも、ほんの一時登場して脚光を浴びてはすぐに退場してしまう役者たちのあわれな寸劇が見られるだけである。ところが、こうした政治経済情勢に心を痛め、異常気象を心配しながらも、ひそかに迫りつつある食糧不足や飢饉という重大な脅威については、ほとんどのひとがまったく気づいていない。地球上にともに住むわたしたちの同胞でありながら、すでに大災害となった飢饉に毎日苦しみ、死んでいくひとの数は、ますます増えている。しかもこの惨劇は、人間の良心の不在に起因する重大な怠慢によって生まれたものであって、けっして自然資源の不足によるものではない。

わたしの脳裏にたえずよみがえって来るのは、サヘルの砂漠地帯で目撃したひとりの女性の面影である。砂埃のなかにうずくまった彼女は、ぼろをまとい、顔からは血の気が失せ、死にかけていた。熱のために隈のできた目を見開いていたが、何も見えない様子だった。すっかりしぼんでしまった乳房に、やせこけて目を閉じたままの子供が吸いついていた。それは本物の子供とは思えない小さな骸骨にすぎなかった。巣から落ちた雛鳥のように、時々、小さな口を開いて、泣こうとするのだが、泣き声は出なかった。とぎれとぎれの呼吸は、風前の灯となった命をつなぐのがせいいっぱいだったのだ。

こんなふうにして、数知れない子供たちにいのちが与えられるが、それはまるで、生きることの過酷さを証明するためでしかないようだ。子どもを作ることは、いとも簡単で月並みなことであるが、それはまた、ひとが味わいうるもっとも強烈な快楽の結果でもある。ひとりの人間の運命全体が、ほんの一時のきまぐれで決まってしまうというのは、おそろしく、また不条理なことではないだろうか。

3）　旧約聖書「出エジプト記」より、金銭・権力の象徴。

## 毎日飢饉で死んでいくひとたちにとっては、毎日がすでに手遅れである

わたしは、同じような境遇に置かれた数多くの母たちが、棘があって実も硬いイネ科の草を探し求めて、草原をさまようのをしばしばみかけた。そんな草を拾い集めても、生き延びるためのマンナ[4]を得るには、穂からもぎとった籾を何時間も搗《つ》かなければならないのだ。子どもだけは死なせたくないという切羽詰まった思いに駆られての過酷な労役のために、彼女たちは疲れ果てていた。最後の気力をふりしぼって、籾を搗き続けるが、多くの場合、その努力は子どもの死を少しばかり遅らせるにすぎない。死は一瞬ごとに待ち構えていて、遅かれ早かれ、勝利をおさめることになるのだ。そんな子どもたちの死に出会うと、むしろよかったとさえ思われる。死によって、長く残酷な苦悶がようやく終わったのだから。とはいえ、天寿を全うした老人たちの死とは違って、子どもたちの死は、どんな場合であっても、わたしたちの心を苛む。それは生命の秩序に反し、侵すべからざる自然の法則に背いているように思われるからだ。

　何ごとであれ、行動を起こすのに、遅すぎるということはない、とよく言われる。しかし、毎日飢饉で死んでいく一万五千人から二万人の子どもたちにとっては、毎日がすでに手遅れなのだ。こうした事態を目の当たりにして、ひとびとの心に良心の抵抗が湧き起こらないとすれば、そしてその思いをただちに行動に移そうと思わないなら、むしろ不思議というべきだろう。

というのも、飢饉は内戦や干ばつなどによって深刻化しているとしても、もともとは計画的な経済施策が生み出した人災なのである。

**飢えを正当化しうる理由は何ひとつとしてない。地球という惑星は、すべての子どもたちの食欲を満たしてあまりある資源を蔵している**

いまや、わたしたちはジレンマに立たされている。人間をおびやかす不安定要因が多いなかで、人口過剰はもとよりのぞましいことではないが、地球という惑星は、すべての子どもたちの食欲を満たしてあまりある資源を蔵しているのだ。ところが、自然資源を公平に配分しようという試みは、人類の離合集散をつねに左右してきたさまざまな人間的感情、すなわち私情、欲動、情念、欲望、希望、渇望、そして恐怖などによって、つねに失敗に終わっている。こうした過酷な現実は、富を平等に分かち合うことができない人間の私利私欲によって、また大多数の貧しいひとびとを犠牲にしても自分の欲望を満たそうとする少数の富裕層の貪欲によって、

4）　旧約聖書「出エジプト記」より、イスラエル民族が荒野の旅で神から奇跡的に与えられたといわれる食べ物、天の恵み。

さらには大企業が引き起こした組織的計画的な貧困化から人民を守ることができない、また守ろうともしない国家の悪質な共謀によって、引き起こされたものである。しかも、国家自体がすでに腐敗堕落している場合も多いのだ。

軍備、派手な宣伝事業、金のかかる娯楽、さらには略奪や戦争などに関しては、国際間の協力や協調がいかにスムーズに行われるかを、わたしたちはよく知っている。それを考えれば、飢饉が起こるというのは、まさにスキャンダルである。肉体的な苦しみだけでもすでに耐えがたいのに、飢えに苦しむひとびとには、加えて深刻な精神的退行が起こる。動物的な生存本能が昂進し、食べることが固定観念になり、ほかのすべての思考が停止してしまうのだ。元来、暴力は暴力以外の何ものも生み出さないのであり、食糧不安を解消するのに、わたしたちに必要なのは、具体的な意味でも、精神的な意味においても、生命を育んでくれる腐植土なのである。腐植土だけが大地を実り豊かにする。

農業エコロジーの技術を広めたいというわたしの執念は、以上述べたことからご理解いただけるだろう。農業エコロジーの効果や効率は、もっとも貧しい農民たちによっても、すでに実証されている。

## 現代農業の不可解な論理、その害悪と逸脱

いったいどうしてこのような悲劇的状況に立ちいたったのか、理性的に考えてみよう。そもそも、いまから三十年ないし四十年前には、農業の産業化がさらに進めば、この世界から飢えというものがなくなると言われていたではないか。だがじっさいのところ、千年以上にもおよぶ農業の歴史においても未曾有というべきこの大転換が生み出した結果はどうだったろうか。

近代世界の大変革に伴い、当然ながら農業もまた、まず西欧諸国において大きな変容を蒙らざるをえなかった。西欧社会が工業化の方向に大きく舵をとったことによって、急速に人口分布の再配置が進んだ。まずは、農村から工業地帯に労働者が流れこむようになった。製鉄所で使う石炭を採掘したり、流れ作業の仕事に従事したりするためである。いったんこのプロセスが始まると、もはやとどまるところを知らなかった。そうなると今度は、農地を離れて都市に流入した大量の人口をいかに養うかが大きな問題になる。ところが、農民の数はどんどん減っているのだ。

農業の変容、とりわけ西欧での変容を説明するのに、しばしば、ドイツの化学者ユストゥス・フォン・リービッヒ（一八〇三〜七三）の研究が引き合いに出される。ちなみに、彼は肉の固形ブ

イヨンの発明家でもある。彼は、農業生産性を高めるには、まず土壌中の養分のメカニズムを知ることが必要だと考えた。そのために、リービッヒ氏はもっとも直接的な調査方法を選んだ。植物を焼き、その灰を分析することによって、植物を構成している物質（より正確には、植物が土中から吸収し、収穫された植物にそのまま残っていると想定された物質）を明らかにしようとしたのである。リービッヒ氏は、植物が養分を吸収することで、土壌中の養分が減るのだから、当然、それだけの養分を土壌中に戻さなければならないと考えた。灰の分析から、いくつかの栄養素が検出されたが、その主たるものはいわゆる三要素、つまり窒素、リン酸、カリウム（NPKと呼ばれる）で、それにカルシウムが加わる。彼の論理にしたがえば、植物の吸収によって崩れた土壌中の栄養バランスを回復するには、これらの物質を土中に戻せばよいということになる。この理論に基づいて、いわゆる人工肥料を使って土中のミネラル栄養素を補うという原則が生まれた。窒素（硝酸塩）とリン酸は、それまでも、軍事用に大量に生産されていた。それを農業に転用することになったのは、もっぱらリービッヒの研究がきっかけだったようだ。

化学肥料を使ってみると、すぐにその効果が現われ、収穫量が確実に増えた。それは工業が農業を大きく変えることになる最初の大事件だった。ついで、農機具の機械化が進んだ。耕運機も、最初は馬が曳いていたが、やがてトラクターになった。化学肥料導入とともに、農業開発はれっきとした科学技術の一部門となり、かくして農民自身も、農業の産業化を推し進めていくことになる。化学肥料は、植物がよりたやすく、より早く吸収できるよう、溶解性になっているが、そのため、土壌中の微量元素がしだいに減少していくという弊害がある。土壌を生きた有機体としてではなく、単なる物質として扱ったことの当然の結果である。

## 農業産業が経済、環境、社会にもたらした悲惨な結果

こうした状況において、自分の畑と馬犂に愛着を抱く伝統的農民は少なくなり、ますます増えていく都市住民を養うことができる大規模な農業経営者が幅を利かすようになる。彼らは、農業機械を積極的に導入し、人工肥料や農薬を使い、交配種を蒔いた。耕作や運搬には、馬に代わってトラクターを使うようになった。それまで、幾世紀にもわたって畑と森と牧草地がバランスよく配置されていた農村風景が、いつの間にか、機械が入りやすいように生垣や森が取り払われ、また生産効率を優先する集約的かつ粗放的な単作農業に適しただだっ広い単調な空間に変貌する。のちに整理統合と称されたが、じっさいには、それまで人間の尺度に合わせて形成されていた農地の分割解体にほかならなかった。工業が飛躍的に発展を遂げるいっぽうで、農業は、第二次大戦による食糧不足を解消すべく、増産体制に入った。増産には補助金が支給

されたため、生産は増加の一途をたどった。農業は競争時代に入り、市場で最低価格が保障されていたにもかかわらず、弱小農家はますます競争力を失っていった。やがて植物性たんぱく質の生産が過剰気味となり、農業の域を超えて産業化された生産システムとその収益性に、限界が見えてきた。その限界を超えて、さらに生産を拡大するためには、繁栄の時代にふさわしい新たな食習慣を作り出さねばならなかった。

## パンからビフテキへ、地獄の動物性たんぱく質製造工場

アメリカ文化の影響も大きいだろうが、いまやひとびとは、パン代を稼ぐためではなく、ビフテキ代を稼ぐために、働くようになった。ところで、肉であれ、牛乳であれ、あるいは卵であれ、チーズであれ、一キロの動物性たんぱく質を得るのに、十から十二キロの植物性たんぱく質が必要とされる。たとえば、一キロの肉を得るには、一頭の牛に十キロの穀物を与えなければならないのだ。かなり効率が悪いと言わざるをえないが、冷酷な合理性を導入することでそれを補う。最小限の空間と時間のなかで、いかに多くのたんぱく質を生産するか。その答えは、放し飼いをやめて、家畜を畜舎に閉じ込める飼育システムを導入することであった。家畜

はもはや感受性を備えた生きものではなく、たんぱく質の塊、あるいはたんぱく質製造機械として扱われ、たんぱく質の生産性を高める飼料を集中的に与えられる。周知のように、草食性の反芻動物である牛は、肉食動物用の餌を無理強いされると、狂牛病に罹ってしまう。それこそ不条理の極みで、この病理は科学的にも立証されている。無知の恐ろしさと言うべきか、貪食に取りつかれた人間の厚顔無恥と言うべきか……

とはいえ、この狂牛病騒動は、何も知らずにいた世間一般への警告となり、食品の有害性に注目を集める結果となった。じっさいには、すでに数十年前から、臨床医や研究者たちが警告を発していたのだが、誰も耳を傾けようとしなかったのだ。こうしてようやく、善良なる市民にも、食べ物が健康に害を及ぼすことがあるばかりか、死をもたらす危険性さえあることが明らかになった。

## 相補的多角経営から専門的単作経営へ

こうした事態が酪農家のあいだに深刻な悩みをもたらしたことは容易に想像されるが、ここでもやはり、経済的な収益性や効率性の追求がすべてに優先することになる。まるで強制収容所のような動物性たんぱく質製造工場はますます増え、それにともなって、第三世界では植物性たんぱく質の増産に拍車がかかる。家畜の飼料を自前で生産するより、輸入したほうがずっと安上がりだからだ。やがて動物性たんぱく質は生産過剰となり、廃棄したり、冷凍保存したりしなければならなくなる。その当然の結果として、生産者は収入減になるが、すべての市民に食肉の消費をさらに促すことで、その収入減に歯止めをかけようとする。何としても、生産者に損害を与えてはならないのだ。生産者は生産を続けることが至上命令であり、そのため、地方自治体は彼らに助成金というカンフル注射を打ち続ける。かくして、生産強化が容赦なく続く。それとともに、とうもろこし、小麦、大麦、ひまわり、こうした飼料用の単一栽培の広大な畑が砂漠のように広がる光景が、どこの田舎にも見られるようになる。それはさながら巨大なチェッカーボードで、その中を、農業経営者がたったひとり、トラクターの運転席に閉じこもって働いている（言葉も生命も美も失われ、非人格的な土地の広がりでしかなくなった空虚で単調な畑で働く無聊をなぐさめるために、トラクターには最新の娯楽装置がいろいろ装備されている）。こうして、多種類の野菜や穀物を栽培し、そのうえ家畜も飼うという、相補的多様性に基づく有機的システムとしての伝統農場はしだいに姿を消し、専門的単作経営が主流を占めるようになった。穀物農家、畜産農家、果樹農家、ブドウ農家、園芸農家、野菜農家……

## 現代農業は、破壊せずには生産できない

市場原理と無際限の利益追求のプロセスとメカニズムにしたがって形成された、いわゆる現代農業は、すでにお分かりの通り、破壊せずには生産できない。そのうえ、一カロリーの食糧を生産するのに十二カロリーの灯油を燃焼させるといったように、大量エネルギーを消費する生産活動が、いつまでも続くとはとうてい考えられない。埋蔵量の減少にともなう原油の価格高騰は、さきに指摘したとおり、まずは生産価格に大きな影響をもたらしているが、そのうえ、食糧不足をいっそう深刻化させる要因にもなっている。フランスの農業が、いわゆる栄光の三十年[5]のときのように、奇蹟的な発展を遂げ、法外な収益を上げることができたのも、また今もなお、その状態をなんとか維持しているのも、もっぱら第三世界から輸入された安価な原材料のおかげなのである。しかも、農業収益の減少を防ぐために、自由経済の原則に反する手厚い保護政策がとられているのだ。たしかに、産業化された農業はその役割を果たしたともいえ、西欧世界のほとんどの人口を養うことができたのは事実である。とはいえ、世界全体

5） フランスが高度成長を遂げた一九四六年から七三年までを言う。

で見れば、食糧不足や飢えの問題を真に解決したとは言えない。しかもこの食糧不足と飢えの問題は、どんなに小さな市場にも見られるように、特定の農産物に偏った生産過剰によってますます深刻化している。

## かくして皮肉なことに、西欧農業は世界的飢饉の最大の理由のひとつになっている

いわゆる現代農業ほどに、常軌を逸し、多くの苦しみを生み出す人間活動は、ほとんど前代未聞である。たしかに人間には逸脱がつきものであるが、かつて農民の誰もが、元気で熱心に働いた。それは、厳しい自然の法則、ときには過酷ともいえるその法則によって、しっかり鍛え上げられたからである。また農民たちは、自然から、良識と忍耐心と生活のリズムを学んだ。もちろん農民は、大きな紛争が起こるたびに、重い年貢を納めさせられたし、のちには、大革命の際のように、自分たちには関係のないイデオロギー闘争に巻き込まれたあげく、汗水たらして築き上げた巨大な富を搾取され、その富がもっぱら都市に住む少数者の懐に入ってしまうということもあった。

自然環境もまた、現代農業の深刻な影響を受けている。農薬や化学肥料が土壌や地下水を汚染している。第三世界の国々における農薬による死者はかなりの数にのぼり、現代最悪のスキャンダルのひとつとなっている*。そうしたなかで、農民たちは、しつこい宣伝広告に踊らされて、先祖から伝えられた伝統的な種、土地になじみ、繰り返し採取でき、食糧バランスにも適合した種を見捨ててしまった。この種こそが、昔から彼らの経済的自立を支えてきたというのに！　宣伝広告は交配種がいかに収益性に優れているかをさかんに強調しているが、じっさいには、この種は一回限りのもので、農民たちは毎年種を買いなおさなくてはならない。やがては、遺伝子組み換えの品種が主流になるだろうが、そうすると農民たちは完全に遺伝子工学の奴隷となるだろう。農業という仕事は、死ぬ恐れよりも生きる恐怖のほうが大きい、そんな悪夢になりつつある。自殺に追い込まれた農民の数もますます増えているが、この現象も極秘のうちに国際農業関連産業の収支損益に織り込み済みとなっている。この組織の下劣さに匹敵するのは、この組織を構成する人間たちの冷たい無関心さしかないだろう。

＊この問題については、ファブリス・ミコリーノ著『殺虫剤、フランスのスキャンダル』を参照されたい。

## 人間を養う糧が腹に詰め込む食料に変わる

　農業が産業化されることによって、食料品が大量に出回り、価格がますます下がった結果、西欧の家庭の食料支出は、いまでは家計全体の十五パーセント程度になっている。こうして、必要不可欠なものが安価でありふれたものとなり、余ったお金でよけいなものを際限もなく買う風潮が生まれる。フランス語の nourriture（人間を養う糧）という言葉には、栄養となる物質という意味を越えて、象徴的かつ詩的な響きがある。この言葉は、ほのかな味と香りの世界、手塩にかけて調理され、魂と体を喜びで包み、団欒の雰囲気を醸し出す、あの世界に深く結びついている。ところがこの言葉は、いまや bouffe（腹に詰め込む食料）という言葉に取って代わられている。すなわち、原材料も製造工程もあやしく、しかも汚染物質を含みながら、大量生産された粗雑な食料品のことである。もはや食べ物は、それぞれの季節のもっともおいしい時期に、私たちの食卓に届けられる大地の恵みではなくなってしまった。かつてそれは、季節の巡り、世界の忍耐心、宇宙のエネルギーの沁み込んだ滋養物であり、自然の豊穣と満ち溢れる生命の素晴らしい賜物として、地球に生きるすべてのひとびとに幸福をもたらすものであった。

　ところが、現代の一般大衆にとって、食事をするとは、すべてを無理やり呑みこむこと、年がら年中、個性を欠いた無名の物質を摂取することでしかない。その物質は、こっそりと胃を通過し、腸に達し、いつも飽和状態にありながら欠乏感にさいなまれるごみ箱のごとき人体組織の新陳代謝の原料となる。だが、世界経済が生き延びるためには、じつに味気ないこの生理的営みが必要不可欠なのである。

あちこちで農地が放棄され、荒れ地になっていくいっぽうで、船、飛行機、汽車、トラックなどの輸送手段の普及によって、食糧が世界のいたるところから運ばれてくるし、またいたるところへと運ばれていく。この気違いじみた往復運動のおかげで、わたしたちは、地元で生産された新鮮な食品ではなく、数千キロを旅してきた匿名品を消費することを余儀なくされる。市場原理が優先されるのだ。

一九八〇年代のある年、オランダから一台のトラックがトマトを積んでスペインに向かった。同じころ、別のトラックが、やはりトマトを積んで、スペインからオランダに向かう。そしてこの二台のトラックは、フランスの国道上で衝突した。本当にあったこの話は、現代の経済システムの不条理性について、わたしたちに深刻な反省を促している。

## 「たんと召し上がれ」か「幸運を」か？ 悲しい冗談

こうした食料品の流通拡大の背後には、ある深刻な事態がひそんでいる。じつのところ、わたしたちが食糧の量的確保に努めれば努めるほど、食品の安全衛生が脅かされることになるのだ。とりわけ、合成殺虫剤の大量使用が大きな問題となっている。この問題は、最近になって、ようやく深刻に受け止められるようになった。現代の文明病といわれるいくつかの病気と食品とのあいだに因果関係があるのではないかという疑いがもたれている。じっさい、これらの病気は、病理についての一般的理解が進み、高度な医療体制が確立されつつあるにもかかわらず、増加の一途をたどっている。とりわけ、癌、心臓血管病、肥満症は、今日、世界的問題とされている。先進国においては、すでに医療費の総額が食糧のそれを上回る勢いである。この倒錯現象は、富める国々特有の最大の逆説のひとつである。いまやそれは、悲しい冗談ともいうべき様相を呈している。要するに、生命を象徴する基本要素であり、太古の昔から生命の永続性を保証してきた食べ物、空気、水などが、いまでは死の共犯者となりつつあるのだ。あるユーモア作家は、いずれ近いうちに、食事の最初に、「たんと召し上がれ」と言うかわりに「幸運を」という挨拶を交わさなければならなくなるだろうと言っていたが、やがて客観的現実になるかもしれないこの冗談は、常軌を逸した悲劇的逆説を言い表わしている。生命を維持するために生産された食糧が、逆に生命を破壊しつつあるのだ。矛盾撞着あるいは無知蒙昧の極みと言うべきであるが、生命を破壊しつつあるという点では、そうした無知蒙昧の解毒剤とされる科学もほとんど同罪である。

## 現代農業は、有史以来、もっとも脆弱で、もっとも収益性に乏しい農業である

現代農業は、破壊的であることに加えて、きわめて脆弱である。たとえば、とうもろこし栽培は、土壌の養分の吸収度が高いために大量の肥料を与える必要があるばかりか、とりわけ大量の農薬を散布しなければならない。それに加えて、一キロのとうもろこしを収穫するのに、約四百リットルの水を必要とする(ちなみに、その計算で行くと、一キロの肉を生産するには、四千リットルの水が必要だということになる)。そのうえ、一トンの化学肥料を生産するには、二・五トンないし三トンの石油が必要であり、しかも原油はドル建てだから、農業はほぼ完全に原油価格の変動に左右されることになる。このように、近代農業の生産システムはきわめて脆弱で従属

的であると言わざるをえない。おまけに、近代方式による生産総コストは全体的にきわめて高い。一カロリーの食糧を生産するのに、十二カロリーのエネルギーを消費しなければならないのだ。さらに、季節外れの作物を育てるには、冬の最中にほとんど夏に等しい気温を人工的に保たねばならず、そのために大量の燃料を必要とする。このように現代農業は、どう見ても、農業の全歴史を通じて、もっとも費用がかかり、もっとも収益性に乏しいシステムだと言わねばならない。

だが、産業化された農業は、単に農業や食糧の問題という枠を越えて、現代文明の本質を体現していると言えるだろう。現代文明の本質とは何か。それは、無機物、営利、人間の貪欲に、わたしたち人間もふくめたあらゆる生きものを支配する全権を譲渡してしまったということである。この論理の転倒は、危険な狂気の様相を呈しており、わたしたちの心身にも悪影響を及ぼしている。狂騒と娯楽道具にあふれる社会では、おいしく栄養価に富んだ食事をとり、自然がわたしたちに与えてくれた身体というこの素晴らしい贈物を大切にすることなどは、まったく無視されてしまう。わたしたちにとって、身体というこのかけがえのない宝を健康に保つのにどんなものを食べるかということよりも、自分の車のエンジンにどんなガソリンを入れるかのほうが大事なのだ。わたしたちは、健康を失ってようやく、自分の身体は取り換えがきかないことに気づく。このように、わたしたちは、ドルによっても、どんな虚栄によっても、買い替えることができないもの、人間の知恵が「健康」という名で呼んできたこの至高の宝を、じつにそまつに扱っている。

## 政治家たちは、パニックに陥った一般市民を安心させようとはするが、事態の真相を究明しようとはしない

農業や食品をめぐる不可解な事件や現象はひとびとに多くの不安や恐怖を与えたが、当事者たる政治家、科学者、生産者、流通業者、販売業者は、本来ならこれらの事件や現象を絶好の機会としてとらえ、その背後にある事態の真相の究明に、つまりはわたしたちの生活システムに内在する病理の究明に、真剣に立ち向かうべきであった。ところが、狂牛病が猛威を振るったときにも、あいかわらず、民衆扇動政治が幅を利かせ、パニックに陥った一般市民の動揺を抑えることだけをねらって、病気に罹った牛をむごたらしくも全頭処分するというパフォーマンスが演じられた。それは、たしかに当事者たちが事態を深刻に受け止めているというジェスチャーにはなったが、それ以上ではなかった。この事件のさいにも、ひとびとを動かしたのは

理性の力ではなく、恐怖心であった。もちろん、恐怖心によっても、ひとびとの良心が目覚めるということはあるだろう。しかし、それだけではけっして問題の解決にはいたらない。

農業経営者たちもまた、他のあらゆる社会組織・職業階層に属するすべてのひとびとと同様に、同じひとつの全体主義的論理に巻き込まれている。だからと言って、彼らを糾弾するわけではないし、また彼らを糾弾してもなんの解決にもならないが、彼らもまた、他のあらゆるひとびとと同様に、この全体主義的論理に巻き込まれていることに、それなりの責任は免れないだろう。というのも、この全体主義的論理に同調するか、あるいはそれに抵抗するかは、あくまでわたしたちの自由意志にかかっており、しかも現代の民主主義体制はわたしたちがみずからの自由意志にしたがうことを保証してくれているからである。いずれにせよ、農業経営者たちもまた、他の職業階層のひとびとと同様に、隣人愛の原理ではなく、競争や対抗の原理、そして「もっと多く」の論理を受け入れてしまっている以上、彼ら自身の存在条件や生活条件の改善に努めているとは言いがたい。連帯を旗印とした農民のインターナショナルが設立されていたならば、事態はこれほど深刻にはならなかったかもしれない。この問題こそ、わたしたちを巻き込み、わたしたちを支配している社会システムの問題系の核心に位置している。

## 第三世界の農民たちの自主独立の終焉、伝統的社会組織の解体、それは人間疎外のプロセスの不可逆的進行を意味する

コーヒー、カカオ、綿花、ピーナッツ、サトウキビ、キャッサバ、大豆…… 第三世界の農民たちが国際市場に供給する農作物のリストは膨大である。グローバル化は今日に始まったわけではないが、グローバル化が始まる以前、第三世界の農民たちは固有の共同体を形成し、独特の民族を構成していた。彼らは多様性に富んだ自分たちの土地の資源によって生き、自分たちに直接必要な食べ物を栽培することをもっぱらとする農業を営んでいた。豊作の年もあれば、不作の年もあるが、ともあれ自分たちの畑を大切に守りながら、また自分たちの土地が与えてくれるさまざまな恵みを最大限に生かしながら、彼らの共同体は幾多の世紀を無事に生き延びてきたのである。この食糧的自立こそ、あらゆる社会組織に不可欠の礎だったのであり、すべての共同体は、そこに属するあらゆるひとびとが生きるに必要なもの、すなわち食べ物、衣類、住まい、ケア、そうしたあらゆるものを、自前でまかなうことができたのである。そうした物質的欲求を満たすことに加えて、彼らの生活をさらに豊かにしていたのは、精神的な価値である。宇宙開闢神話、信仰、伝統習慣、儀礼、芸術表現の世界。産業革命以前の時代には、ヨーロッパの民衆も、多少の違いはあれ、こうした生活様式のもとで暮らしていた。今日でも、東

ヨーロッパでは、自然風土から生まれた素朴な生活習慣があちこちに残されている。しかし、西ヨーロッパの現代農業がいずれ近いうちに東ヨーロッパをも席巻し、その伝統社会を消滅させるだろうことは、すでに目に見えている。これまでも、現代農業は繁栄の西ヨーロッパから農民たちの姿を消し去ろうとしてきたのであり、今日では、全人口の三ないし四パーセントにまで減少している。しかも、さらにドラスティックな減少が目論まれているが、それは人権侵害以外の何ものでもあるまい。

## 南北を問わず、世界は同じ袋小路に陥っている

このように、〈南〉の農民たちも、〈北〉同様の袋小路に陥っていると言えるのだが、〈北〉と違うのは、どんな補助金もなく、ますます深刻化する悲惨さ以外には何も残らないということである。それぞれに特殊な条件があるとはいえ、同じ生産至上主義と際限なき経済成長のイデオロギーの猛威が、地球全体の農民たちを襲っているのだ。シナリオはどこでも変わらず、伝統的な知識や技能に基づいて農業を営む者はすべて時代遅れと見なされる。近代という鏡に自分の姿を映し出されると、彼らの心はすっかり動揺し、自分が時代に取り残されていると考えて

しまうのだ。彼らの大部分は文字を読むことができず、そのことが彼らの疎外意識をさらに深めている。彼らは世界の歴史からはじき出されている。現代の歴史は、世界を支配する科学技術の革新と世界経済の動向に深くかかわるほんの二十パーセントの人間たちの専有物なのだ。にもかかわらず、歴史からはじき出されたこれらの農民たちこそ、生産エネルギーの最大の供給者なのであり、先進国であれ、後進国であれ、為政者たちは、経済発展のために、彼らの力を抜け目なく利用しようとしている。伝統社会の経済ではもともとお金はあまり役に立たないのだが、そこにいつの間にかお金が浸透していき、やがてはあらゆる交換や取引に必要不可欠の媒体となってしまう。

かくして、運命の賽は投げられ、国内総生産とか国民総生産が絶対の経済基準となる。そこで、国庫を豊かにするためにも、国の経済振興のためにも、外貨の獲得が緊急課題となり、農民たちは輸出用の農産物の生産に駆り立てられる。生産性を高めるには、金のかかる近代農法を取り入れなければならない。そこではじめて、農民たちは西洋渡来の三種の神器を知ることになる。すなわち、化学肥料、合成農薬、交配種である。とはいえ、まだ機械化が進んでいないから、彼らはもっぱら肉体労働にたより、女たち、子どもたちの手を借りながら、耕作しなければならない。

ひとたびこの計略が軌道に乗ると、特別に訓練を受けた農業技術普及員が、条播[6]や化学肥料の使用など、現代農業の〈合理的〉方法を農民たちに指導する。まずは、農民の所有する畑の一部を借り、無料で化学肥料や農薬を提供し、実験的に作物を栽培する。こうして〈白人の粉〉の効果を農民に納得させたうえで、農業協同組合、あるいはそれに類する組織を作り、お金のない農民たちに、たいていは前貸しで、化学肥料、農薬、種などを提供する。もちろん、収穫物は農業協同組合に納めることが条件である。農業協同組合は、集荷した農作物を輸出したり、市場に出荷したりする。販売には時間がかかるから、農民たちへの支払い——しかも肥料、農薬、種の代金を差し引いた額——は先延ばしになる。農民たちにとって、収穫から支払いまでのこの時間差がそのまま不利に働く。化学肥料や農薬などの工業製品の価格は原油相場とその為替レートに連動している。また、ドルは比較的安定しているとしても、農産物価格は国際市場の相場変動に左右される。国際市場は、農産物の生産過剰を演出するのも、逆に品不足を演出するのも、意のままである。また国際規模で生産者同士を競合させ、アフリカの農民が犂を使い、汗水たらして収穫した綿花も、アメリカの助成金を受けた大農場主が広大な畑でトラクターを使って収穫したそれも、まったく同じ条件で取引する。

こうしたからくりに巻き込まれた農民は、借金をする羽目になる。時とともに、返済がますます困難になって慢性的な負債状態に陥り、ついには破産する。こうして農民は、取り返しのつかない人間疎外のプロセスに巻き込まれるわけだ。農民の労働の果実として生み出された外貨は、こんなふうに農民自身を不幸のどん底に突き落としながら、国家予算に組み入れられたり、公務員を肥やしたり、金食い虫の軍隊の装備に変わったりする。借金を返済すべく、収穫を増やすことを余儀なくされた農民は、荒れ地を開墾したり、森を切り開いたりする。こうして、自分でも気がつかないうちに、自然環境の破壊や砂漠化に手を貸すことになる。そのうえ、金儲けを目的とした農作物の生産に時間と労力を集中すれば、おのずから、自分たちの食糧の収穫がおぼつかなくなる。この食糧不足に付け込んで、生産者が助成金を受けている国から、安い値段の穀物が、しかもダンピングをかけたうえで、大量に輸入されてくる。貧しい国でたまたま生産過剰になった穀類が、他の貧しい国の食糧不足を補うことも、ときにはあるが……

## こうした人間悲劇と環境破壊は、第三世界ばかりでなくアメリカにも広がっている

国際市場の競争原理によって、豊かな生産者が貧しい農民を破滅に追いやるだけでなく、貧

6）畑に平行なすじ状の畝を作り、そこに一定の間隔で種をまくこと、すじまき。

しい農民同士が互いに滅ぼし合うという悲惨な状況すら生まれている。というのも、国際資本家たちが、ひとつの大地を人為的な国境線で分断してしまい、国同士の競争を煽り立てているからだ。いまや、わたしたちは経済戦争の最中にあり、農民もまた、自分でも知らないうちに、その戦闘に巻き込まれている。もちろん、第三世界の大農園主や大地主たちはこうした悲劇とは無縁であり、彼らは世界経済の成長を担うサムライたちの仲間として、優雅な生活を楽しんでいる。ところが、彼らが享受する莫大な富も、もっぱら、土地を失った小農民たちの奴隷化という犠牲のうえに築かれたものなのだ。そうした小農民たちは、大農園主のもとで労働者として雇われればまだましのほうで、さもなければ難民となって人口過密な都市に流れ込んでいくしかない。こうして、農業の産業構造においても、世界的な階級制度が形成される。大土地所有者たちは、法律面でもしばしば優遇されるし、政府の政策決定においてもつねに有利な立場にある。地球上でもっとも裕福な国とされるアメリカ合衆国でさえ、農民たちはこの破壊のシナリオの恐怖にさらされており、破産が原因で自殺する農民たちの数がますます増えている。



## サヘルの農民たちのもとでの二十年に及ぶ経験

こうした問題がますます深刻化するなか、二十年もの長い間、わたしは頻繁にサヘル[7]の農民たちと接してきた。彼らもまた経済的にきわめて不安定な状況に追い込まれてきたのはもちろんだが、それにくわえて、大干ばつが襲い、土地の相貌が一変し、彼らはいながらにして異邦人になってしまった。たとえば一九七〇年代、セネガルからエチオピアに及ぶ半乾燥地帯を襲った干ばつは、ただちに破滅的な結果をもたらし、この地帯に住む住民たちは飢餓に苦しみ、家畜も餓死した。そのうえこの大干ばつは、自然環境的にも大規模な惨劇となった。植生地被[8]が破壊され、野生の動物相、植物相にも深刻な影響を及ぼした。サヘル（半乾燥地帯）がサハラ（砂漠）に変貌し、同様に熱帯湿潤地帯が〈サヘル化〉したのである。雨がきわめて少なくなるいっぽうで、ひとたび降ると、むき出しになった肥沃な土壌を破壊し、川となって海へと押し流してしまう。この大災害の仕上げをするのは風で、乾いた泥土を空中に巻き上げる。この植物の乏しくなった土地で、残されたわずかの草地に放牧の群れが集中して餌を奪い合い、また人間が燃料にするために木を伐採したり、草を刈ったりする。そのうえ、たびたび火事が起きて藪を焼き払い、草原や林の再生を遅らせたり、不可能にしたりする。こうして、かつては安定し

7）セネガルからスーダンにいたる西アフリカの地方、サバナ（半乾燥）地帯。
8）森林で樹冠（枝と葉の集まり）が相隣接する樹冠とすき間なく重なって陰ること。

ていた生態系がすっかり破壊され、しかもその影響は多方面に及ぶ。結果が予測可能な場合もあるが、予想外の事態が発生することもある。

この自然環境と人間を巻き込んだ悲劇は、大量の難民を都市という名で呼ぶのもはばかれる混沌とした人口密集地帯に流入させることになる。この難民たちは錯綜した無秩序のなかでひしめきあい、飢えで死なないためにはどんなことでもする。こうした状況が、およそ考えられるかぎりのあらゆる悲惨を生み出す。麻薬、売春、暴力、犯罪、非行。しかもこうした密集地帯では大気汚染も深刻で、車から吐き出される有害ガスが充満している。というのも、走っている車のほとんどは先進国の検査ではじかれた中古車だからだ。

こんなスラム街でも、食べ物はどんどん〈近代化〉している。栄養的にもバランスのとれた伝統的な食事に代わって、どこで生産されたか分からない栄養価の乏しい穀物を主体としたメニューが普及する。そのメニューの味気なさをごまかすために、けばけばしい色をしたあやしげなソースを振りかける。比較的ゆとりのある階層のひとびとは、あらゆる種類の缶詰、いかにも糖尿病になりそうな甘ったるい炭酸入り飲料を大量に消費する。飲料品会社はご満悦で、どんなに辺鄙なところにも着々と販路を広げていく。そんな人工食品が健康にいいはずはなく、病気に罹るひとがますます増えていく。ひとびとが生きる場を求めて集まってきた都市が、じつは墓場となっていたのだ。

以上のうさんくさい話から言えることは、世界のいたるところで、農民は現代社会に過分な貢献をしながら、それによって、彼らの生活条件は少しも改善されていないどころか、ますます劣悪になっているということだ。農民のかかえる問題を真剣に考え、耕作者が自分の土地で安定した生活が送れるような全体計画がもっとはやく打ち出されていれば、これほど悲惨な状況は回避されたはずである。たしかに、多少世論が盛り上がったこともあって、協会団体やNGOが組織され、事態の改善が図られてはいる。また人道支援なるものがさかんに行われているが、じつのところ、高邁な精神とヒューマニズムによって世界を作り直すことができない政治家たちが考え出した一時しのぎの弥縫策にすぎない。じっさい、この人道支援にはほとんど何の効果もなく、それでお茶を濁すとすれば、許しがたい話である。

## 人類の食糧を今後も安定的に確保するためにも、いますぐ立ち上がらねばならない

以上の考察は、何よりもまず、わたし自身の観点を確認したものだが、それと同時に、農業をめぐる世界的問題をより分かりやすいものにしたと自負している。わたしたちは、この問題

にもっと深い関心を持つべきである。

わたしたちの食の未来を左右するこの問題、とりわけ、人類の必要と欲求を効果的に満たすというもっともらしい口実を使いながら、じっさいには生命に不可欠の共同資産を食いつぶし、人類を飢えさせようとしている現代農業にたいして、わたしたちはけっして安閑としてはいられない。なぜなら、大地、水、動物や植物の種とその多様性は、現代農業が考えるような産業資源ではなく、人間を含めたあらゆる生きもののいのちと未来を保証するかけがえのない共同財産なのである。この共同財産を金儲けの手段として蕩尽しようとする投機経済の陥穽から、わたしたちは一刻も早く抜け出さねばならない。

## 現代の経済システムの袋小路から抜け出す

以上、わたしたちが陥っている袋小路を理解すべく、現代農業をめぐる問題を検討してきたが、もちろん、その問題の所在を確認するだけで済ますわけにはいかない。現代農業はきわめて破壊的であり、生命の法則についてまったく無知である。農業も社会の全体的動きの一部である以上、問題の根源を探るには、まず現代社会の全体的動きを正しく理解し、考え直さなければならない。近代以来、人類は、社会生活の基盤として、物理的、心理的、観念的、形而上学的等、およそあらゆる領域で、細分化と二元対立の原理を確立し、それを徹底してきた。近代および現代社会特有の対立抗争や暴力の現象も、直接・間接に、この原理から生まれている。流れ作業をヒントに生まれた社会のピラミッド構造は、人間の仕事を細分化すると同時に、世界の見方を断片化する。ところが、生命とはもともと不可分なのである。

## 人類が消滅を免れるには、即刻、わたしたち自身が変わらなければならない

わたしたちのオアシスであるこの地球を、近代以降の人類は、遠慮会釈なく搾取すべき資源の宝庫としてしまった。こうした人間の非理性的行為の結果は、いちいち数え上げるまでもない。この人間の不行跡が積もりつもって、いまや最後通牒が、きわめて厳しい形で、わたしたちに突きつけられている。人類が消滅を免れるには、即刻、わたしたち自身が変わらなければならない。

他のあらゆる生物種と違って、わたしたち人間は、生命についての知識と理解を欠くならば、わたしたち自身を消滅させかねない。原始民族の直観能力に注目する科学者は、あらゆる生命現象のうちに、〈霊的な〉次元を認めている。原始民族は、生命の背後には生命を生み出した普遍的知性がひそんでいると信じていた。ともあれ、迷信とは無縁のごく平凡な庭師であっても、よく注意すれば、どんな小さな種にも宿っている創造的力を認めるだろう。まったく取るに足らないその胚珠《はいしゅ》のなかに、何千という種を宿す数トンの果実を生み出す生成力がひそんでいるのだから、まさに驚きである。一粒の種で人類すべてを養うことができると言っても過言ではないのだ。もちろん、わたしたち人間にそんなことはとうていできない。発芽と生育のメカニ

ズムはわたしたちにも理解可能だとしても、この生命の衝動の根源にあるはずの知性というものは、単なる人間理性によっては近づくことができない神秘のうちに隠されている。この何の変哲もない発芽の観察から言えることは、ひとつの現象にははかり知れない豊かさと複雑さが潜んでいるということであり、わたしたちはその生成のメカニズムをある程度理解することはできても、その原因や目的を知ることはついにできない。植物や動物の生の営みにおいて、すべてはきわめて精巧な〈有機組織〉によってあらかじめ決定されている。それはけっして偶然の結果ではない。

## 工業化の〈奇跡〉の代償、無機物（石炭と鋼鉄）が引き起こした未曾有の混乱

わたしたちは、今日にいたるまで、こうした生命の知恵を生かして、わたしたちの社会を築き上げるすべを知らなかった。逆に、わたしたちがやったことといえば、生命の統合性をまったく無視して、人間固有の論理を作り上げることだった。わたしたちの抜きがたい固定観念となり、現代人の集合意識や現代社会の構造全体を深く規定している数々の近代性神話のなかでも、とりわけ注目すべきは進歩発展の概念である。この概念は、ますます破滅的な結果を引き

起こしており、歴史の健全な流れを阻害する最大の要因となっている。そもそも進歩発展という考えは、人類の歴史でも前代未聞の世界、科学技術と生産至上主義、商業主義にもとづく産業世界の中心的イデオロギーなのである。石炭や鉄などの原料を採掘するために、物理学の原理、とりわけ熱力学を応用した技術が開発される。こうして重工業がまず発展し、さまざまな機械が造られることで、さらに新たな技術革新が起こる。とつぜん起こったこの産業革命は、まさに歴史の大変動であった。たった二百年前、絶対権力を誇ったかのボナパルトでさえ、この進歩の恩恵をほとんど受けることができなかった。じっさい、彼は馬の背に乗って戦闘の指揮をとったのであり、そのかぎりでは、アレキサンダー大王、ユリウス・カエサル、あるいはジンギスカンなど、過去数千年間に登場したあまたの専制君主とまったく変わらなかった。ところが、その直後に起きた大変動によって、あっという間に、蒸気機関車が登場し、馬はお役御免になった。

こうした驚くべき技術革新にひとびとは熱狂し、新秩序、工業化という奇跡が社会を席巻する。それとともに、人間解放の原理としての理性信仰がひとびとの意識に定着した。ただし、新時代の到来にひとびとが浮かれていた当時はほとんど誰も気づかなかったが、この工業化の奇跡は、いくつかの幸運な条件が偶然重なることによって生まれたのである。

——西欧において、物理学、力学、化学、電磁気学などの分野で天才的な発見や発明が相次いだ結果、燃焼の時代が到来し、それまでの世界構造を一変させた。

――農民の貯蓄(へそくりなど)が産業化の基礎資金となった。

――製鉄所に供給する鉄や石炭を採掘する過酷な労働に従事すべく、まず地方の貧しい農民たちが動員された。それは、テイラーシステムに基づいて、専門技能が不要の流れ作業が導入され、無差別に大量の労働者を雇うことが可能になる以前のことであったが、こうした過酷な労働の担い手として、やがてヨーロッパの後進国、さらにはヨーロッパ以外の国々からも、大量の移民が流入してくる。

――原材料、燃焼エネルギー、労働力が、当時ほぼ地球全体に及んだ広大な植民地から供給された。周知のとおり、アメリカ大陸の発見以降、新大陸から巨万の富がヨーロッパにもたらされたが、その後も、文明化された略奪行為が延々と繰り返されたわけである。

こうして近代化という大きな変貌を遂げることに唯一成功したヨーロッパは、そのいっぽうで、過剰になった人口を新大陸やアフリカなどへ大量に移民させる。

以上のように、ヨーロッパの工業化の奇跡は、さまざまな手段や方法を集中的に組み合わせることによって、はじめて生まれたものである。ところが、それがやがて世界モデルになり、このモデルにならえば、人類全体が進歩し、自然が人類に課している厳しい制約や限界から解放され、すべての人間が救済されるという神話が流布することになる。

とはいえ、少し考えれば誰にも理解できることだが、幸運な条件がいくつも重なることによってはじめて可能になったこの文明化のモデルは、地球全体の破産を引き起こさずには実現することが不可能な逆説的現象でしかない。このモデルを実現することができた人間がまだ少数にとどまっているからこそ、人類はいまだに生き延びているのだ。

## この燃焼文明のなかで、教育までもが、国内総生産ないし国民総生産の増大に奉仕させられている

工業化文明は、このように、エネルギーの大量消費に支えられており、それゆえ燃焼文明と呼ぶこともできる。燃焼エネルギーは、経済指標とされ、繁栄の決定要素となる。燃焼エネルギーは機械化と連動し、生産至上主義の原理を生み出す。かくして、無際限の経済成長というイデオロギーのもとに、産業国家が形成される。国民は皆、子どもの頃から、この新しいドグマに奉仕するための知識や技能を習得すべく教育を受け、その後も、祖国の国内総生産や国民総生産の増大のために、懸命に働き、ひたすら消費し続ける。いまや、国内総生産や国民総生産が、国がいかに多くの金を稼いだかを計るための指標になっている。かくして、高価な商品

をより多く所有することが文明の進歩であるという考えが常識化し、そのため、地球規模での途方もない格差が生じる。この文明の進歩の恩恵を受けているのは人類全体のおよそ五分の一であり、この五分の一の人間たちが地球上の富の五分の四を消費しており、残りの五分の一もかなり不公平な形で分配される。たとえば、ひとつの丸パンを前にして、五人のひとがテーブルについているとしよう。この五人のうちのひとりが、パンの五分の四を先に取り、残りの五分の一を他の四人に残す。その四人のひとり目が、この五分の一になったパンの半分を取る。ふたり目が十分の一になったパンの半分をとり、かくして残りのふたりに残されたのは二十分の一ということになる。このふたりのあいだでも、公平に分配されるという保証はどこにもない。

こうした構造的不公平ゆえに、大多数の人間からの搾取・略奪が、少数の特権者たちの生活を維持するための条件になっている。現代の経済発展の担い手たちは、富める者を制限して、その分を貧しい者に与えるという公平性の考えなどまったくなく、いわゆる後進国にたいして、自国の生活水準をあげ、繁栄を築き上げ、生産と消費を拡大することによって進歩に貢献せよ、と迫るだけなのだ。先進国のモデルがとうてい一般化できるものではないことくらい、誰にも分かりそうなものだが、この問題はこれまでまったく無視されてきた。地球は、無尽蔵の資源の宝庫とみなされ、国家間の熾烈な獲得競争の戦場になってしまった。人間同士の殺し合いが常態化する。先進諸国は後進国に、経済発展に寄与するというもっともらしい口実をつけて、開発援助を申し出るが、本音はそこに眠っている膨大な資源の利権を獲得することなのである。

以上のような先進国の経済戦略は、最新のテクノロジーを駆使する〈北〉といまだに古い組織と伝統に縛られている〈南〉との間に、修復不可能に近い大きな分裂を引き起こしている。活力、効率、エネルギーの大量消費を誇る〈北〉は、〈南〉にたいして、自分たちと同じ道を進むよう促す。低開発という考えは、アメリカ大統領ハリー・トルーマン(一八八四〜一九七二。在任は一九四五〜五三)の演説のなかにはじめて登場したといわれている。この発想はおそらく市場の拡大を意図したものであり、かくして後進国の繁栄のレベルを引き上げる戦略が実行に移されることになったが、その繁栄のレベルとは、お金に換算できる富の生産能力の大きさによって計れるものでしかない。このように、繁栄の度合いを示す指標とされたことで、万能の力となったお金が、人間システム全体の大転換を引き起こした。お金は人間の貪欲とあらゆる物質的欲望を完全に解き放ち、そうした欲望が無限に膨張することを可能にしたのである。この金銭至上主義のイデオロギーはまた、金銭に基づかない伝統社会に固有の経済活動(えせ経済学者たちが「インフォーマル(非公式)」[9]と称している経済)と、やはり金銭に換算できない伝統社会の豊かさを、すっかり見えなくしてしまう。そのため、そうした伝統社会は、社会的にも、生活的にも、豊かな潜在力を備え、お金があまりなくとも、あるいはまったくなくとも、何不自由なく生活できるにもかかわらず、お金を唯一の尺度として、貧しいと評価されてしまう。もちろん、伝統社会にも、あらゆる人間活動につきものの不完全さ、欠陥がないわけではないが、ともあれ、伝統社会の豊かさは、何よりもまず、直接的・具体的方法によって生活の必要性や欲求を十分に満たしているところにある。食糧生産、相互奉仕、相互扶助、助け合い、世代間の相互福祉、災害や危険に際しての連帯責任……　社会保障、年金、保険、助成金、そうした近代的制度がまったくなくとも、彼らはのどかに幸福に暮らしているのだ。先進国の基準、すなわち金銭という基準からして、貧しいとされる第三世界の国々は、じつのところ、さまざまな資源の宝庫なのだ。だが皮肉なことに、その資源はもっぱら富める先進国に輸出され、その富をますます大きくすることだけに貢献している。

## 魂もなく、未来もない論理の極まるところ、「時は金なり」

「時は金なり」というスローガン、そして際限なき経済成長というイデオロギーから、有史以

9）非公式経済とは、公式経済とは別に、課税されず、政府・公的機関の関与も受けず、国民総生産統計にも表れない経済活動を言う。

来、もっとも過酷な独裁体制が生まれてしまった。伝統的な社会システムの崩壊、略奪、環境汚染、資源の枯渇、人為的な貧困……今日、わたしたちは、魂もなく、それゆえ未来もない論理の最終局面に立ち会っている。この近代化という壮大な実験をどう総括するかは、いまだに判断が分かれているところだが、誰にも否定できないのは、科学技術の申し子である近代の進歩がさまざまな分野で驚異的な革新をもたらしたとしても、それはあくまでごく少数の特権階級の利益のためでしかなかったということである。この進歩は、倫理を欠き、また地球規模での平穏な共生社会を築き上げるための高邁な知性を欠いているために、世界に混沌をもたらし、わたしたちの破壊本能に強力な武器を提供するとともに、もともとひとつの統一体である自然を細分化してしまった。対立的、競争的、殺人的システムであるグローバリゼーションは、こうした近代化の歴史のなれの果てである。いずれにせよ、近代化の歴史がすでに最終局面に達していることは目に見えている。現代世界の支配モデルにその責任を帰すべき機能不全や害悪をあえて列挙するまでもなく、それはすでに明らかである。遺伝子操作などに見られる生物学の逸脱、異常気象、これらの事実は、わたしたちの良心に最後通牒を突きつけている。

## 発展の神話から「持続可能な」発展の神話へ

際限なき発展という実験の地球規模での失敗が誰の目にも明らかになったことから、最近になって、この失敗の解毒剤ともいうべき原理が登場した。「持続可能な」発展という原理である。しかしこの新しい神話も、真の解決にはほど遠く、せいぜい一時しのぎにしかならないだろう。この原理は、絶対的ドグマとしての際限なき「より多く」のイデオロギーと持続を可能にする緩和処置とをうまく両立させると言っている。だがそれこそ、「マッチ・ポンプ」の政治にうまくつけ込まれるだけのことではあるまいか。というのも、いかになりふりかまわぬ多国籍企業といえども、持続可能な発展を望まないはずはあるまい。「持続可能な」発展とは、だれもが賛同したくなるような考えではあるが、結局は世間の目をごまかすだけのことで、そのあいだにも、わたしたちの地球の略奪が相も変わらず続けられることだろう。

よほど用心しなければ、わたしたちもまた、この政治に巻き込まれる危険性は十分ある。かくして、暴力、不正、さまざまな形の困窮を生み出し続けるこのシステムが規範となってしまい、その実態をカムフラージュするために、その場しのぎの応急措置がとられる。後進国に無償で提供される米や医薬品も、そうした応急措置でしかないのだが、それによってあくどい搾取も大目に見られてしまう。大多数の人間を犠牲にして、少数の特権者がやっている乱痴気騒ぎ、破廉恥行為、略奪行為などが、いまではごく当然のことと見なされている。南北格差という文句が、先進国に好都合なアリバイとして長らく使われてきたが、いまや格差は先進国内部でも深刻な問題になっている。国や人道的組織が応急措置を講じているが、それもまた、ますます広がりつつある貧困をカムフラージュするだけのことである。ともあれ、いわゆる意志決定者たちは、こうした応急措置を講ずることで、自分たちがその運命を握っている市民にたいして、責任を果たしたとみなされる。こうした破局的事態にたいする弥縫策として、いわゆる人道支援に頼らざるをえないのは、結局のところ、わたしたちが真のヒューマニズムに基づいた世界を築くことができなかったからである。わたしたちの運命にたいして、わたしたちは個人的にも集団的にも責任がある。目下のところ、大洪水や地震などの自然災害によってもたらされた困窮を軽減するための緊急人道支援だけが、人間が行いうる最善の行為として、広く賞賛されている。だが、そうした自然災害も、人間が自然にたいしてしでかした不始末の結果である場合が少なくないことを、いまや、率直に認めざるをえなくなっている。

## 資源の再編が必要である

科学技術の奇跡は、たしかにわたしたちを有頂天にさせるが、そのいっぽうで、生命のもっとも基本的な現実からわたしたちを遠ざけてしまっている。一般市民は、自分たちが日々の暮らしをつつがなく続けることを可能にしているこの地球について、まったく何も知らないのだ。人間は、みずから苦しみを生み出し、その苦しみで、人間ばかりか、不幸にもこの世界にわれわれ人間と共生することを余儀なくされているあらゆる生きものたちをも苛むための、きわめて邪悪な道具を発明する特異な才能を持っているようだ。少数者たちの桁外れの——とはいえ、ほとんど喜びのない——繁栄と、ますます増えつつある多数者の貧困が、隣り合っている。人類は地球規模の惑星を五十個も破壊できる武器を所有しているといわれているが、どう考えても、一個か二個を破壊できる武器で十分なはずである。そうしてあまった資源を活用すれば、公平な福利厚生を実現することも、あるいはわたしたちの素晴らしい地球を再生させることも、十分可能であろう。わたしたちには、こうしたごくあたりまえのことが、どうして理解できないのだろうか。わたしたちにもともと知性が欠けているためだろうか、それとも、あいもかわらず、技術的、科学的、知的能力を知性そのものと取り違えているためなのだろうか。いずれにしても失敗は明らかで、そうした能力を結集しても、わたしたちは知的な世界を実現することができなかったのである。そもそも、知性はある特別な本質をそなえているように思われる。たしかに、知性はこの宇宙に遍在しているのであり、その知性が宇宙に一貫した統一性をもたらしているのだ。ただし、その知性を直観できる者もいれば、永久にできない者もいる。しかもこの宇宙の知性は、わたしたちがこの世界において自分自身を閉じ込めてしまった狭い小宇宙から、ますます遠ざかってしまっているように思われる。それは生命の根源からの隔たりないし逸脱にほかならず、また広大な現実のさなかで、わたしたちの思考がますます狭い殻に閉じ込められていることを意味する。この宇宙的現実は、わたしたちが良心と自由意思にもとづいて正しく理解しようとするなら、宇宙の知性の名に恥じない秩序をこの世界にもたらすべく、あらゆる創造的可能性をわたしたちに与えてくれるはずなのである。あるひとたちは、わたしたち人間が存在しようが存在しまいが、地球という惑星はみずからのプログラムを自動的に遂行し続け、やがては終焉を迎えると言う。だがいっぽうで、地球とはひとつの意識存在であると考えるひともいる。この仮説は一見突飛な考えのようにも見えるが、地球を単なる物体とみなす仮説よりも説得力に欠けるというわけではない。じっさい、わたしたちの個人的および集合的意識とは、地球の意識そのものの発現なのではあるまいか。たしかに、この地球という楽園には喜びだけがあふれているわけではなく、害悪、困難、ウイルス、微生物など、さまざまな要素が混在しているし、そのうえまた、さまざまな形の死がわたしたちを待ち構えているが、その死ですら、わたしたちを生かしている生命の力を賛美しているように思われる。わたしたちを生み出し、わたしたちを住まわせているこの地球という有機体は、わたしたちの身体、精神、心を養ってくれる豊かな富をうちに秘めている。

## 為政者に全権を委譲してしまうことは、危険な責任放棄である

ひとびとは、政治家たちの演説におだてられ、説得され、安心させられたうえで、彼らに一票を投じ、全権を委譲してしまうと、これで義務は果たしたとばかり、うとうと眠りこんでしまうようだ。街頭に繰り出すデモ隊のシュプレヒコールで、たまに目を覚ますのがせいぜいのところである。一例として、いま世論を湧かせ、またわたし自身の政治活動や信念にも深くかかわる問題を取り上げてみたい。ほかでもなく、遺伝子組み換え特許生物（OGMB）の問題である。遺伝子組み換え食品については、ヨーロッパの消費者の八十パーセントは反対しているといわれる。この反対が、単なる用心のためなのか、あるいは絶対的な拒絶なのかは、はっきりしないが、いずれにせよ、これほど多くの反対を、どうして国は尊重しないのか、また政策に反映させないのか。おそらく国は、一般国民は未成熟であり、コマーシャルの茶番やいわゆるサブリミナル広告[10]という虚言を鵜のみするのがせいぜいのところだと高をくっているに

10）意識と潜在意識の境界領域より下に刺激を与えることで効果を発揮する宣伝のこと。

ちがいない。このケースでいえば、国は見識ある後見人を演じ、国民に(しかも彼らの利益のために)、彼らにはまだ理解できないような技術革新の恩恵を施そうというポーズをとっているのだ。それは、父親が子供たちに「おまえたちも、いつかはわたしに感謝するようになるよ」と言っているようなものである。ともあれ、以上のことは、わたしたちが選択した社会の限界と不整合をはっきり示している。今日では、民主主義の根幹とされる普通選挙が、うさんくさい政権、極右や極左の政権、あるいは独裁政権を誕生させたり、支えたりすることがありうるのだ。奇妙な転倒と言わねばならない。

## 市民は自分たちの力を自覚すべきである

さまざまな心配と健忘症が交互に繰り返され、それがメリーゴーランドのようなのんびりしたリズムとなって、わたしたちの日常生活にある種の活気をもたらしているとはいえ、その活気もあらゆる種類の娯楽産業が与えてくれる気晴らしのようなもので、プロ意識が鼻を衝くメディアが垂れ流す情報の陰鬱さを少しばかり耐えやすいものにしてくれるのがせいぜいである。異常気象に関する報道や解説も、頻繁に繰り返されることで、市民の暮らしの一部となってしまい、むしろこの問題の深刻さを見失わせている結果になっているのではなかろうか。ほとんどの市民は、自分から行動を起こすのは無理だと言い、すべての責任を国に押しつけてしまうし、国もまた、支離滅裂で矛盾だらけのこの社会をどうすることもできない。現代社会は、際限も節度もなくひたすら消費すること以外、自分が何を望んでいるのか、自分がどの方向に向かおうとしているか、何ひとつ知らないのだ。市民たちが自分たちの力を忘れているとすれば、民主主義は重大な危機に陥っていると言わねばならない。というのも、少なくともわたしが理解するかぎり、民主主義はこれまでも民衆の力によって支えられてきたのだ。

いまや、わたしたちひとりひとりが、自分の生活をみずから律する力を取り戻し、日常生活のあらゆる面において具体的な政治行動を起こすことが求められている。買い物、交通、人間関係、子どもたちの教育、住まい……というのも、問題の真の解決は、社会構造の変革、環境対策、有機農業の普及が人類を救ってくれると勝手に信じることにあるのではない。有機野菜を食べ、水をリサイクルし、太陽熱で暖房する人間が、隣人を搾取することもありうる。じっさい、独善的なエコロジストも少なくないのだ。良心の目覚めによって、わたしたちひとりひとりが変わることだけが、わたしたちを救う。その必要性を自覚したすべてのひとが、自由意志にもとづき、みずからの責任で、自分自身を変えていかねばならない。

わたしはいまや、社会階層、ナショナリズム、イデオロギー、政治的立場の違い、さらにはわたしたちがともに生きている公共的現実を分断しているあらゆる障害を越えて、人類に与えられた恵みをともに分かち合い、最悪の事態を回避するために、あらゆるひとびとに良心の抵抗と団結を呼びかけるべき時が来たと考えている。わたしたちの共通の運命のうえに重くのしかかる脅威の大きさを考えれば、この良心の抵抗と団結は、今日、あきらかに必要不可欠になっている。というのも、それらの脅威の根本原因は、わたしたち人類が、みずからの驕りによって、自然および生命の秩序と調和を無残に破壊してしまったことにあるのだ。

良心とは、おそらく、人間ひとりひとりが、完全なる自由意志にもとづいて、生命にたいする責任の重大さを自覚する、あの内的領域のことである。そうした良心にしたがうことによってはじめて、人間は、自分自身のために、他者のために、自然のために、さらには未来の世代のために、真の生命倫理に基づく具体的行動を起こすことができるのだ。

## 地球のシンフォニー

現在の悲劇的状況を根本的に転換することをめざすには、わたしたちが造り上げてしまったこの世界を、政治的、経済的、社会的に理解することが不可欠である。しかしそれと同時に、わたしたちの内面の主観的・詩的次元をあらためて見直す必要がある。世界を変えるまえに、まずは世界に魂を吹き込まねばならない。世界を大切にするには、世界を愛し、じっくり観察しなければならない。わたしが「地球のシンフォニー」と呼ぶのは、この深い愛のことである。現在および未来の破局的状況を確認したり、予測したりして、警鐘を鳴らすだけでは、何ひとつ問題は解決しない。じっさい、解決策の具体化に向けて、わたしを行動に駆り立てているのは、まさしくこの愛なのである。自然の普遍的調和の観念を欠いたエコロジーは、単なる物質的現象の世界、科学的観察に限られた領域だけにかかずらって、現実の総体を統率しているあの壮大な知性の表われとしての根本原理――それを「霊的次元」と呼んでもいいが――をまったく無視してしまうおそれがある。わたしが創造世界の美しさに感動するのは、このシンフォニーが心と魂に伝わってくるからにちがいない。つまり、わたし自身がこのシンフォニーの小さな楽器のひとつなのであり、わたしの歓喜や感動を奏でることによって、何ものも侵すことも穢すこともできない至高の秩序を啓示するのだ。

人類がこの根本的次元の存在を認めようとせず、地球のシンフォニーをかき乱す雑音であり続けるなら、人類は永遠の追放者にならざるをえないだろう。人間の勝手な要求に、宇宙が節を曲げて応えてくれるだろうと考えるべきではない。そうすべきなのは人間のほうなのだ。人間には現実を絶対的に支配する権利がある、などと主張するのは、まさにナンセンスである。人間は、物理的、精神的、心理的にみずからを閉じ込めてしまった狭い領域から、世界を考えている。自分がそのなかに生きている小宇宙を、世界全体と勘違いしているのだ。人間は限られた自然観に基づいて、無限の自然を理解しようとしている。しかも、その矛盾にほとんど誰も気づかない。おそらく、自然の複雑さに人間はおそれをなしているのだろう。自然は人間の意のままにはけっしてならないのだ。ところが、人間はテクノロジーの世界にみずからの活動の場を見出した。この世界では、人間は万物の創造者として意のままに力を発揮できるという気分になれる。テクノロジーの世界が、これほど魅力的で、人間を陶酔させ、ひとびとの関心を引きつけるのも、おそらくはそれゆえである。いっぽう、自然はけっして人間に従順ではなく、それゆえ、人間は自然を支配できるとか、すでに支配しているとか、考えるのは、子供だましにすぎない。

以上のように、原理としてのエコロジーは、現実を構成する要素のひとつというわけではない。エコロジーは根源的現実そのものなのであり、この現実なくしては、他の何ものも存在しえない。一般に、エコロジーとはひとつの行動指針であり、その指針にしたがって、具体策を決定したり、事態を改善したり、あるいは何かを制限したり、抑制したりする法律を作ったりするものと考えられている。しかしエコロジーは、わたしたちの意識のあり方そのものにならねばならない。もちろん、現在のような緊急時には、損害を最小限にとどめるために、ただちに決定し、決意する必要がある。しかし、問題の大きさをじゅうぶん考慮しなければ、損害を多少減らすにとどまるだろう。というのも、問題はまさに、人間という奇跡的現象が生き延びるか、あるいは死に絶えるか、ということにあるのだ。この問題の深刻さをわたしたちが自覚しなければ、人類の未来はきわめて暗いと言わざるをえない。わたしたち自身と次世代のためにも、またこの地球上にわたしたち人類とともに生き、人間の侵略、傲慢、暴力の犠牲になっている数多くの生きものたちのためにも、地球の未来を真剣に望むなら、こうした問題にこれまで無自覚だったことに気づくことこそが、未来に向けての決定的な第一歩になるにちがいない。わたしたち自身の思考と行動の様式を根底から変えることなしには、普遍的ヒューマニズムの実現はとうてい望めないだろう。

## 人間という哺乳動物とエコロジーの場

以上のように、エコロジーは単なる物質的現象を越えて認識され、生きられるべき現実であり、それだけに深い解読を必要とする。こうした認識に達するには、何よりもまず、人間という哺乳動物は自然とはまったく無縁の生活を送っている、という先入観を捨て去らねばならない。生命は多様な形を取りうるが、総体的にみれば、凝集性、一貫性、相互作用、相互依存を基本とする営みであることを、エコロジーは明らかにしている。それゆえ、エコロジーの場は、地球だけにとどまらず、コスモスの次元、さらには宇宙の次元にまで広がっている。太陽、月、惑星が、相互に作用を及ぼし合っている。あらゆるものがエネルギーと波動からなる無限の海に浸かっているのだ。地球という惑星も、この海に浸され、エネルギーと波動を受けつつ、みずからも発している。すべてが全体のなかにあって互いに結びつき、孤立しているものはひとつもない。このように、生命を構成するあらゆる要素が、多様な形をとりながらも、相互に結びついて、ひとつの統一体をなしている。もちろん、それは原始人特有の世界観であって、現代人には無縁だという反論もあろう。ところが意外にも、物質とエネルギーの微細にして広大な場を研究する現代の先端科学が、こうした原始民族の伝統的認識と直観を再認識しつつあるのだ。宇宙空間から眺めるとき、地球という惑星が、北極から南極にいたるあらゆる部分、あらゆる要素が不可分の一体をなす、ひとつの有機体であることがはっきり分かる。それゆえ、細分化の原理が現実を構成しているとはとうてい思われない。いかなる客観的な見地も、ダーウィンの生存競争の考えですら、生命システムの統一性・一貫性という真実を揺るがすことはできないだろう。殺し合い、食い合っている動物たちを見ると、敵対や対立が生きものの掟のようにも思われてくるが、そのように動物同士が殺し合い、食い合うことも、じつは生命というひとつの全体原理の統一性、持続性、永続性を維持するのに貢献しているのであり、この原理を分断するものではけっしてない。生命はなんとしても生きようと欲する。そこで、この欲求を満たし続けるために、生命はときに驚くほど知的な計略を考え出す。わたしたち自身の身体も、それ自体がひとつの宇宙であって、よく観察すれば、以上のような生命の営みを確認できるだろう。それは「生物機械」ではなく、統一と調和のエネルギーによって活動する諸器官からなる繊細微妙な組織体なのである。目も、足も、手も、耳も、すべての器官が関係することによって機能しているのだ。身体とは、感覚をそなえ、内部回路を張り巡らし、分割不可能な、一本の生きた樹なのである。調和のエネルギーがうまく働かないことが病気を引き起こすことも少なくないだろう。心神のレベルにおいても、内面の統一を回復すること、あるいは維持することが、安らぎや幸福感の要因になる。

## 子どもの頃から今日にいたるまで、わたしはずっと感嘆し続けてきた

いまわたしがこの原稿を書いているセヴェンヌ山中でも、自然にたいするわたしの感嘆と感謝の念が、日々、新たにされる。夜明けの空は、今日が暑い一日となり、太陽が強い陽射しで照りつけることを予告しているが、まだすべてが静まり返っている。木々、青みをおびた山々、岩、あたりの景色、空、わたしのテラスのむこうに広がる菜園、すべてが深い夢に閉ざされ、何ひとつ動かない。ときおり、猛禽や夜の鳥の啼き声が響く。人間の声にも似た奇妙なその啼き声を聞くと、なぜか深い喜びに包まれる。わたしは彼らを隣人に持つことを誇りに思い、彼らばかりではなく、わたしの家を囲む樫の林にひっそりと棲息するその他の生きものたちとも、野生のビオトープ[11▲]を分かち合って生きていることに喜びを覚える。まだ現われない太陽の光が東の地平線を照らし始める頃、薄暗い西空には満月の月がまるで帰り遅れたひとのようにぽっかり浮かんでいる。夜の冥府から浮かび出ようとしている白熱の太陽、光を失った月、わたしたちの住む地球、この三つの天体を同時に眺めることができるのは、まさに特権的瞬間であり、多くの示唆をわたしたちに与えてくれる。わたしたちの人間的現実もまた、この大宇宙にしっかり組み込まれていることを、この光景は目に見える形で示している。この壮大な眺めは、

わたしたちに深く静かな喜びを与えてくれると同時に、わたしたちの精神を大きく解き放ってくれる。

かつて砂漠の少年であった頃、灼熱の一日の終わりに、屋外のテラスに仰向けに横たわって、くつろいだひとときを過ごしたものだ。わたしは無数の星がきらめく夜空をながめていた。陽気で、つつましやかで、しかも厳かな月が、すべての子どもたちの眠りを見守り、そのおかげで、子どもたちも安らかに眠っていた。静かな夢想に耽りながら、少年のわたしは、われ知らず、はるか昔の天空観察者たちの世界に入り込んでいた。そうした観察者には、神秘詩人もいれば、素朴な魂の持ち主もいたが、長い間、夜空を眺め続けたあげくに、天文学者となり、天球座標を定めたり、星の運行を測定したり、さらには暦を作ったりする者もいれば、占星術師となり、天体の運行によって人間の幸不幸を判じる者もいた。幼い頃から素朴な神話を聞かされていた寡黙な少年は、災いを及ぼす悪の天使たちに立ち向かう守護神の存在を強く信じていた。両者は壮大な戦いを繰り広げ、流れ星を火箭《ひや》のごとく使って、天空を引き裂くのであった。目に見えないこの天空の勇者たちの戦いの成り行きに自分の運命がかかっている人間たちは、全能の神に祈りを捧げたり、災厄がわが身にふりかからぬよう呪文を唱えたりするしかなかった。長

11） 特定の生物群集が共通の生活環境をもつ地域。

い間平らと思われていた地球から眺めると、天空は、神話、科学、詩、神秘が混在する広大な園であった。人類の歴史を変えたあらゆる偉人たち(仏陀、イエス、マホメッドなど)も、あるいは人間大河の一滴の水にほかならない無数の名もなきひとびとも、太古以来、わたしたちと同じ空を眺めていたのである。そう考えると、わたしたちひとりひとりの人生はじつにはかないものに思われてくる。

## 学者たちの現実主義の観点から見た自然

悲しいかな、学者たちが残酷にもその少年に教えてくれたところでは、彼があれほど愛した月も、ただの塵と岩でしかないのだ。現実主義がこの世に登場し、わたしたちから数千年の魅惑を奪い去り、天空はとつぜん誰もいない死の世界になってしまった。客観的認識が、鋼鉄の玉座に鎮座する〈理性〉の女神の意に沿わないあらゆる無知蒙昧と途方もない夢想から、わたしたちを解放してくれたというわけだ。科学は、理性の名により、あらゆる迷信をかり立て、一刀両断に切って捨てることを使命とする。それ以来、宇宙物理学者たちは、この宇宙はわたしたちの想像力の及ばない無限の彼方にまで広がっていると教えている。この無限の空間にあっては、どんなに大きな天体も小さな砂粒でしかない。すべてが、はかり知れない深淵に呑みこまれてしまった。この宇宙はもはや、上も下もなく、方位もなく、理解可能な形状もない、膨大な混沌でしかない。最初に、いわゆるビッグ・バンがあり、それから長い間混沌状態が続いたあと、ようやく、時計のように正確な「天の機械仕掛け」によって動くひとつの秩序世界となったといわれている。しかし、わたしたちが精神と想像力の監禁状態が脱出したいと願うならば、まず失われた魅惑を復権させなければならない。無数の星からなる銀河系も、ほんとうは整然と演じられるひとつの舞踏なのだ。宇宙全体がひとつの舞踏劇だと言ってもいい。もちろん、わたしたちはその振付師を知らない。彼は、楽屋に引っ込んだまま、自分が制作した劇の舞台にけっして姿を現わそうとはしない。わたしたちの太陽系も、天の川全体からすれば、ほんの小さな星の群れにすぎない。宇宙の空間と時間からすれば、わたしたちの世紀も千年という単位も、ほんの一瞬のことでしかない。すべては光年で計られるのだ。

こうした無限の宇宙を前にすると、わたしたちはひどいめまいに襲われ、自分たちの運命の無意味さを痛感するが、それだけに、学者たちのなかにも、霊感に満ちた明晰な意識の持ち主たちがいることを知ると、じつにほっとする。彼らは、宇宙の最奥の秘密を解き明かしてみせるといった大法螺を吹くことなく、自分たちの無知や不確かさを謙虚に認めつつも、古来数多くの民族が直観したごとく、この世界の現実には統一性があることを深い確信をもって断言し、わたしたちもまたその統一性のなかに生きていることを教えてくれる。彼らの詩的科学の言葉を使うなら、わたしたちは星から生まれた塵、原初の物質からなる生きた創造物なのである。わたしたちは、宇宙と呼ばれるこの広大な世界のなかで、異邦人として存在しているわけではけっしてない。おそらくわたしたちは、宇宙が自分自身を認識するために生み出した意識の種なのだ（ただし、この仮説が正しいとしても、わたしたちが往々にして陥りがちのように、「だから人間は宇宙の主人なのだ」という愚かな自己満足を引き出さないよう用心しよう）。

意識するとは、何よりもまず、愛すること、気遣うこと、そして感嘆することであり、それにたいして、意識しないとは、わたしたちの手に届くところにありながら、わたしたちの心からは遠く離れている、あらゆるものを破壊し、穢すことではなかろうか。

## 無限性を尺度とした考察

このささやかな省察から、ひとつの避けがたい疑問が浮かんでくる。太陽系全体でも、銀河系のごく小さな一部分に過ぎず、しかもその銀河系もまた、無数の星雲のひとつでしかないとすれば、わたしたちの惑星はいったいどれほど小さいのだろうか。サッカーボールの巨大な倉庫のなかの微小物体、微量薬剤の粒といったところだろうか。あるいは、もっと小さいかもしれない。こうしてわたしたちは、めまいを起こすような無限大の世界から、いっきょに無限小の世界に投げ込まれる。だが無限小の最終単位とされる原子も、さらに分割可能なのだ。ともあれ、これまで長い間、大地に足をつけて月をながめていた人間が、みずからの能力で月に到達し、有史以来はじめて、月から地球をながめることができた。たしかにこの驚くべき逆転現象は、認識の場を拡大したといえるが、わたしたちの意識の領域では、どれほどの効果を生み出したか、はなはだ疑問である。母なる惑星に向けられた宇宙飛行士たちの眼差しを想像してみよう。地球は、青を基調とした微妙な色合いで輝く一個の宝石のように、広大な天空にぽっかり浮かんでいる。そのとき、彼ら地球人たちの心には、これまで想像もできなかった偉業を達成したという満足感とともに、おそらくはひそかな苦悩が忍び込んでいたのではあるまいか。というのも、彼らの目には、星々をちりばめた無限の砂漠のなかで、地球という惑星が、わたしたちが知るかぎり、たったひとつの生命の小さなオアシスであることが、疑いようのない厳粛な事実として映っていたはずである。この宇宙が無限の時間と空間に広がる冷たくよそよそしい砂漠であることは、多くの科学的データからも裏付けられている。そんな宇宙に人間が存在することには、いったいどんな意味があるのだろう。多くの知識、技術、そして物理的手段を駆使して月まで行ったことは、地球レベルでは、たしかに人類が誇るべき偉業と言えるが、無限性を尺度とすれば、その価値はすっかり相対化されてしまうだろう。宇宙に派遣された人類の代表者たちも、こうした相矛盾する複雑な感情を抱いたにちがいない。いってみれば、彼らは、わたしたちの生命圏からほど近い、誰も住まず、どんな生物もいない郊外にたどり着くのに成功したにすぎないし、そのうえ、地球というわたしたちの生命圏も、宇宙という大海を漂流するたよりない小舟でしかなく、その舟にひとにぎりの人間たちがあわただしく乗ったり下りたりしているのだ。宇宙は人間のことなどまったく気にかけない。

有限性の刻印を押された冷酷な運命を前にして、わたしたちは深い孤独感や無力感に襲われる。いったいどうすれば、こうした感情を追い払うことができるだろうか。人間存在の有限性、それはどんなに強力な武器によっても打ち破れないし、巨万のドル札を積んでも買収できないし、どんな威光によっても懐柔できない。ここでは、どんな特権も、どんな法律の抜け道も通用しない、ひとつの仮借なき運命だけがあり、この運命を越えて生き延びるものといっては、不確かな記憶、いくばくかの記念碑や遺跡くらいのもので、それらもまた、千年も経てば、はかり知れない沈黙の闇に埋もれてしまうだろう。何もかもがはかないのだ。皇帝、王、あらゆる種類の独裁者たち、貧乏人も億万長者も、偉人も凡人も、すべての人間が、いずれは、忘却という底知れぬ深淵に呑みこまれていく。わたしたちは自分自身を重要な存在と思い込みたがるが、自分がそう思うだけのことで、客観的に言えば、この宇宙に重要なものなど何ひとつとしてないのだ。わたしはこんな話を聞いたことがある。どのような状況によってかは知らないが、アメリカの宇宙飛行士とロシアの宇宙飛行士が宇宙で巡り合った。宇宙から地球をながめながら、彼らは思わずため息をついたそうだ――こんな小さな惑星のうえで、どうして人間はあいもかわらずイデオロギー的、政治的、宗教的な対立抗争に明け暮れているのか、どうしてもっと強い連帯意識をもたないのか、と。地上に住むわたしたちも、ぜひ彼らの例にならうべきである。

## 農業エコロジーによる解決方法

**すべてのひとに自分を養う権利と義務がある。あらゆる人間活動のなかで、農業こそ、もっとも本質的で、もっとも深く生命にかかわる営みである**

過去千年以上にも及ぶ農業中心の文明では、人間はつねに生命の源泉のそばで暮らしていた。ところが、無機物(死んだ物質!)の原理に基づく近代文明は、両者をすっかり引き離してしまった。恵みの大地は、今日、科学者、インテリ、政治家、芸術家、宗教家、そして一般市民、要するにあらゆる社会階層のほとんどすべてのひとびとから、すっかり軽視され、さらには無視されている。ところが、恵みの大地こそ第一原理であって、それなくしては、他のいかなるものも存在しえない。それゆえ、この恵みの大地を、すべてのひとが注意深く見守り、大切に保護していくべきである。情報過多の現代社会にあって、こうした無知は意外であると同時にきわめて危険である。一番大切な情報が伝わっていないのだ。世界中の農民が団結して国際ストライキでもやれば、どうしても欠かせないもの、ぜひ必要なものと、よけいなもの、あってもなくてもよいものとを、誰もが正しく見分けるようになるかもしれないが。ともあれ、わたしたちがそのおかげでいまも生きているし、これからも生き続けるはずの、大地という生ける有機体は、まるで娼婦のように、金融資本や定見なき現代産業のなすがままになっている。現代産業は、大地の本来の状態を損ね、それを化学肥料や合成農薬を受け入れる単なる物質に変質させてしまっている。その健康への悪影響は、ここでいちいち取り上げるまでもない。破壊せずには生産できない農業は、みずからのうちに自己破壊の萌芽を宿している。

警鐘はすでにずっと以前から鳴らされている。
一九四八年のオズボーンの著作(アインシュタインとハクスレーに高く評価された)、レイチェル・カーソンのとりわけ農薬の害悪に関する著作、
そして一九六〇年代の雑誌『自然と進歩』

経済的収益性を錦の御旗に、科学技術信仰でガードを固めた旧態依然たるアカデミズムが強力に支持する農業化学の難攻不落の砦を攻略すべく、すぐれた考察、研究、実験が相次いだ。当時すでに、本物の科学者たちは、人間による自然にたいする逸脱行為――人間社会はその被害者でありながら、加害者でもある――の危険性を知らせる警鐘を鳴らしていた。そのうち

の二例だけ挙げれば、まずは一九四八年に出版されたフェアフィールド・オズボーン（一八八七〜一九六九、アメリカの博物学者、自然保護運動家）の注目すべき著作『略奪された惑星』。この本はアルベルト・アインシュタインやオルダス・ハクスリーなどの権威によっても高く評価された。先駆的な経済学者であったオズボーンは、その序文の一節で、人間活動と自然的現実との不適合性を鋭く指摘している――「人類は、人間同士のどんな戦争よりも、自然にたいする持続的かつ全面的な闘いによって、みずからの破滅を招くおそれがある。」

とくに農業の問題に関しては、レイチェル・カーソン（一九〇七〜六四、アメリカの生物学者）の著作、一九六〇年代のはじめに出版された『沈黙の春』を挙げねばならない。この本は農薬の効果と影響に関してアメリカの科学委員会が実施した調査結果の報告書であり、その結論はきわめて憂慮すべきものである。本書によれば、農薬は自然環境を破壊するものであり、土、水、動物の生態系、さらには公衆衛生にも深刻な悪影響を及ぼしている。わたしたちの春はますます沈黙の世界になるだろう、とレイチェル・カーソンは警告している。春を歌う鳥たちが、農薬という猛毒で殺されているのだ。この著作は、当時、爆弾的な衝撃を世論に与えたが、「もっと多く」のイデオロギーの専売特許である〈見ざる聞かざる〉の論理によって、すぐに押しつぶされてしまった。

一九六〇年代にはまた、こうした問題に関心を抱く生産者と消費者が情報や証言を共有し、相互に啓発することを目的として、『自然と進歩』[12]のような雑誌が相次いで発刊された。このネットワークはさほど広がらず、ほとんど内輪の範囲にとどまったが、小規模とはいえ、ひとつのたしかな流れとなり、国に軽視され、さらには無視されながらも、また農学の支配的イデオロギーの信奉者たちの非難攻撃をしばしば受けながらも、今日では、為政者や世論にたいする永続的告発の役割を果たすまでになっている。とはいえこの運動は、地球全体から食糧不足や飢饉を根絶させる救済的使命を帯びた現代農業の発展を妨げるものとして糾弾されることもあった。進歩とはすなわち豊かな生活を公平に分かち合うことだとするイデオロギーを心から信じ、その実現に向けてまい進するひとびとの誠実さ、その高邁な意志を疑うべきではなかろう。残念ながら、このイデオロギーが誤った根拠に基づく一種の神話にすぎないことが分かるのは、あくまで〈事後的〉でしかない。そこにわたしたちの運命の最大の危険性がひそんでいる。わたしたちの知識がいかに膨大になろうとも、錯誤や幻想は人間の宿命である。これまで見てきたように、世界の飢えは、現代の自然環境や経済システムによって、根絶されるどころか、ますます深刻になっているのだ。

12）一九六四年、有機農業の普及・促進をめざす同名団体の設立と同時に発刊された機関誌。

## 別の農法がすでに存在している。新しいエコロジーの流れ——シュタイナー、プファイファー、ハワード、ブーシェ、ベルナール、デルベ……

多少の観点の違いはあるものの、これらの反逆者たちは、自然の普遍的現象を注意深く観察することによって、みずからの農学や農法の原理を確立した点で一致している。こうした観察に基づいて、彼らはそれぞれの理論と方法論を生み出した。それぞれに独自の基準にしたがって学説を打ち立て、特殊な応用法を考案することで、いくつかの流派が形成され、それぞれの農法が誕生した。以下にそれを簡単に列挙してみよう。まずオーストリア人ルドルフ・シュタイナー（一八六一〜一九二五、ドイツの哲学者、人智学者）が一九二四年刊行の『農民のための講義』で述べているバイオダイナミック農法[13]、それを継承するエレンフリート・プファイファー博士（一八九九〜一九六一、ドイツの化学者、農学者）の『大地の豊かさ』、イギリス人アルバート・ハワード（一八七三〜一九四七、農学者、植物学者、有機農業の創始者のひとり）のインドール農法[14]あるいは『農業聖典』、生理学者クロード・ベルナール（一八一三〜七八）やデルベ教授（ピエール・デルベ、一八六一〜一九五八、フランスの外科学者）のマグネシウムに関する業績にヒントを得たフランスのルメール＝ブーシェ農法[15]、スイスのラッシュ（ハンス・ペーター・ラッシュ、一九〇六〜一九七七）とミューラー（ハンス・ミューラー、一八九一～一九八八）が『土壌の肥沃さ』で述べている農法、日本の福岡正信（一九一三～二〇〇八、自然農法の創始者）が『わら一本の革命』で述べている農法、わたしの友人クロード・オーベール（一九三六～）が『有機農業』で展開している理論、それにアンドレ・ビール（一九〇四～九三）の業績など。

## これらの考察をもとに、最悪の事態を避けるための解決法を考えるべきである

以上挙げた先駆者たちの著作や業績、それにわたし自身の経験に照らせば、世界の食糧を将来にわたって安定的に供給するには、農業生産を世界のあらゆる地域にくまなく広げる政策が不可欠であることは明らかである。そしてそれは、わたしが「農業エコロジー」と呼んでいる方

13）シュタイナー自身の人智学に基づき、宇宙をひとつの生命体としてとらえ、その宇宙の生命力を生かすべく構想された自然環境を重視する有機農法。
14）ハワードがインド中央部の都市インドールで当地の伝統農法にヒントを得て開発したことにちなんで命名した有機農法。
15）ジャン・ブーシェ（一九一五～二〇〇九）とラウル・ルメール（一八八四～一九七二）が開発した海藻を肥料とする有機農法。

法を適用することによって、はじめて可能になるだろう。そうすれば、どんな土地でも安全でおいしい作物を豊富に収穫できるし、すべての市民が近くの農家や市場で新鮮なまま手に入れることが可能になる。もちろん、輸送の手間も時間もかからない。国単位でも、国際的にも、そうした農業施策の大転換が必要である。どうしても足らないものは交易によって補い合うとしても、基本的には地域で生産し、地域で消費する、つまりは「地産地消」を世界的なスローガンとすべきである。そのためには、農地、水、種、農業知識や技術情報、それらを譲渡不可能な公共財産とみなす根本政策が確立されなければならない。国土整備は、人間の生命にかかわる資産の優先的保護を基本とすべきである。

## 自分の畑を耕すこと、それは、単に食糧を得るための活動であることを越えて、ひとつの政治行動にもなりうる

自分の畑を耕すことは、もっぱら営利や投機を目的とする独占企業の論理にたいする正当な抵抗活動である。資源の新たな見直しが必要である。人間が生きるに絶対必要な資源を保護したり、復活させたり、増やしたりするためのあらゆる行動は、公民活動として評価され、擁護

されるべきである。こうした行動は、単なる商業的な思惑を越えて、人類が太古から営々と築き上げてきた農業という手段と方法によって、人類の生き残りを可能にしようとするものなのだ。資源は、過去、現在、未来を通じて、人類共通の財産であり、それを損ねたり、独占したり、隠匿したりするなら、かならずや、人類全体に、物的にも、精神的にも、大きな損害をもたらすだろう。ともあれ以上のことが、わたしの社会的行動の、そして平和的だがけっして妥協しない良心的抵抗の、おもな動機である。

## 農業エコロジー、人類計画に奉仕する最善の選択

農業エコロジーは、自然の法則を生かした技術である。農業エコロジーは、農業の仕事は単なる栽培技術にとどまるのではなく、真のエコロジーの観点から、農業が営まれる環境全体を考慮に入れなければならない、という発想に基づいている。それゆえ、農業エコロジーは、水の管理、森林復活、土壌浸食との闘い、生物多様性の保護、温暖化の問題、経済社会システムとの関係、さらには人間と環境との関係、そうしたさまざまな問題を総合する多次元的な活動である。農業エコロジーは、土壌再生力としての腐植土の復活と、新しい社会形態を生み出す

原動力となるべき生産―加工―配給―消費サイクルの再地方化、ローカリゼーションに、最大の力点を置く*。

農業エコロジーと有機栽培を地球規模でのスローガンとすることは、一部で言われているような、過去への逆戻りではけっしてない。それは、あらゆる形態の生命を尊重しながら、人類の生き残りという重い課題に応えるものである。ようするに、現代の知見を人類の未来のために生かすことが大切なのだ。すなわち、人間的規模の社会構造を再生させること、ミクロ経済と職人仕事を復権させること、国土編成を再検討すること、互いに協力したり、補い合ったりすることの大切さを子どもたちに教えること、自然の美しさや生命の尊厳にたいする彼らの感性を目覚めさせること。そのためにはひとつのプロセスが必要だが、そのプロセスもきわめて理性的かつ正当なものである。経済的独裁をなくすためには、ひとりひとりが、少しずつでも、それに依存しない体制を作っていくほかない。とはいえ、自給自足の生活をせよというわけではない。たいせつなのは、自立することであり、そのうえで他の自立者たちと連帯することである。そのためには、経済活動のローカリゼーションが不可欠である。それによって見込まれる利点は数多くある。分かち合いと近隣同士の交換による食の安全と安定供給。生産、配給、輸送を独占する大企業への依存度の軽減。再生され、よく手入れされた自然環境に根付いて生活できること。破壊的な競争原理から抜け出し、すべてのひとが互いに補い合って平和に暮らすこと。住民の基本的欲求と生活実態に根差した政治……

＊とくに、ブルキナファソのゴロム・ゴロムでの農業エコロジーの実践活動を記録した拙著『たそがれへの奉献』を参照していただきたい。

## 農業エコロジーによる良心の抵抗は、社会変革の原動力のひとつになりうるか

農業エコロジーこそ、今日、〈南〉ばかりでなく、〈北〉においても、ただひとつの現実的解決策である。

農業化学の勝利は、すでに長い間、既成事実化し、ほとんど絶対的な規範になってしまっており、その権威を疑うようなことをすれば、農業界全体からつまはじきされるほどだった。だが、無機肥料と合成農薬がもたらした〈奇跡的〉収穫は、三つの重要な問題を隠ぺいしている。

――エネルギーの代償はどれほどか？
――環境的代償はどれほどか？
――人間の代償はどれほどか？

この質問に誠実かつ明晰に答えていたなら、もっと早く、この奇跡の負の側面が明らかになっていたことだろうし、その答えはひとつの巨大組織体の存立を危うくしたことだろう。この組織体は数多くの収益部門に枝分かれしているが、そうした部門のひとつひとつがそれぞれに莫大な経済規模を誇っている。NPK(窒素、リン酸、カリウム)という化学肥料の教義は不可侵にして絶対的であった。化学農法の誕生後、すぐにその弊害が確認されたが、それを問題視したのはごく一部のひとびとでしかなく、ほとんど公にはならなかった。ごく少数の農業学者や科学者たちが、異端的な農業経営者たちと連携し、生物学的、エコロジー的、人間的観点から農業を考えなおすことによって、化学農法の桎梏を打ち破ろうとした。彼らが考案した栽培法は、現代の科学技術の成果を取り入れたもので、品質や収穫量においても優れていたが、それと同時に、人間を養う共有財産としての農地に及ぼす影響についてもじゅうぶん配慮されたものであった。彼らの念頭にあったのは、人類共通の資産である農地を、豊かな生命力を備えた健全な状態のまま、後世に残すということであった。こうした運動の推進者のなかには、明白に表明するにせよ、しないにせよ、ある種の哲学や倫理を信奉するひともいた。もちろん限られたケースではあるが、そうした哲学や倫理が、物質主義的確信に凝り固まった科学原理主義に対抗すべく、形而上学的考察に基づく生命主義の源泉となった。そうした極端な対立は例外としても、以上のような分裂状態はその後も長く続き、エコロジーからすれば明らかに由々しき状況が続くなかで、絶えず論争を引き起こしてきたのである。

## アフリカはあらゆる資源に富み、きわめて豊かな大陸である

常軌を逸した現代の世界システムの最大の犠牲になっているのはアフリカ大陸だが、農業エコロジーという解決策がもっとも有効だと思われるのも、やはりこの大陸なのである。たしかに、アフリカは気象条件が非常に厳しい。だがそうした状況をいっそう深刻にしているのは、何よりもまず、不公平かつ尊大で、腐敗と不正にまみれた世界企業や国際政治なのである。さらになげかわしいのは、アフリカ大陸は貧しいという先入観が世界中に行きわたっているということである。ところがアフリカは、あらゆる資源に富み、きわめて豊かな大陸なのだ。とりわけ若い世代の人口が多いが、これは世界的にもめずらしくなっている。この大陸は、インドの約十倍の面積とやがて十億になろうとする人口を有する。それは、他の大陸とくらべても、まったく遜色のない数字だといえよう。そのうえ、さきにも述べたように、労働力として期待できる若い世代の人口が多く、じっさい、三十歳以下の人口が全体の六十パーセントに達する。ところが、この大陸の多くのひとびとが、その日一日を生き延びるのが精いっぱいの、不

確かな運命にあえいでいる。しかも、そうした状況は世界全体に広がりつつあり、先進国でさえ、彼らのような最貧困層がますます増えているのだ。ともあれ、アフリカでは、厳しい気象条件がもたらす多くの困難に、世界システムの暴虐が重なる。このシステムは冷酷で、不公平で、横暴であり、その内部では、腐敗、不正、なかば合法化された横領という癌が猛威を振るっている。ほとんど常態と化したこうした不正行為は、その醜悪さによって人類の名誉を穢し、また一般民衆の自由と解放を阻害し続けるものである。しかしまた、繁栄を謳歌する国々の内部ですら、最悪の悲惨を生み出す病巣が膨らみつつあることを忘れてはならない。社会的閉塞、クローン製造、精神の規格化。

こうしたあらゆる理由からして、わたしは貧しいひとたちの借金をすべて帳消しすることに賛成である。だがそのまえに、社会的腐敗が裁かれねばならない。

農業エコロジーは金のかからない解決策であり、
それゆえ、もっとも貧しいひとびとが経済的に自立し、
安全な食糧を安定的に確保するのに最適の方法である

農業エコロジーを正しく実践するなら、土壌をふたたび肥沃にし、砂漠化を食い止め、生物多様性を守り、水を有効に使うことができる。農業エコロジーは金のかからない解決策であり、それゆえ、もっとも貧しいひとびとに最適である。何よりもまず、自然と地域の資源を最大限に生かすことによって、化学肥料や農薬などの工業製品や輸送機関への依存と従属から、農民たちを解放する。輸送機関は、有害な排気ガスをまき散らすだけでなく、匿名の食料品が、毎日、数千キロの距離を右往左往するというばかげた事態を引き起こしている張本人なのである。地域で生産し、地域で消費するなら、もっと新鮮な食品が手に入るというのに、まったく不条理としか言いようがない。最後に、農業エコロジーは質が高く、健康にもよい食品を生産できる。しかも、子どもたちの健康だけでなく、地球の健康にもいいのだ。

こんなふうにして、多様な形態をとるあらゆる生命を大切に守りながら、わたしたちが生きのびるのに必要なさまざまな要件を満たすということこそ、わたしたちに可能な最良の選択であり、またそれは、近い将来に予想される前代未聞の飢饉を回避するための唯一の方法でもあるのだ。すくなくとも、わたしたちが理解しているかぎりでの農業エコロジーは、そうした要求にじゅうぶん応えることができるはずである。

自然のプロセスに倣った技術、たとえば堆肥、不耕起直播[16]、植物水肥[17]、作物の多様な組み合わせ、などの集大成である農業エコロジーを正しく実践すれば、誰もが、自分たちを養ってくれる共同財産である農地を再生させ、また保全しながら、経済的自立を取り戻し、しかも安全な食糧を安定的に確保することができるだろう。生物圏全体を宰領している生命現象、とりわけ土壌中のそれの正しい理解に基づく農業エコロジーは、世界中のどんなところでも適用可能である。

このように、正しく理解し実践されるなら、農業エコロジーは社会変革の基盤となりうる。それはひとつの倫理であり、人間と人間を養う大地との関係、また人間と自然環境との関係から、これまでの破壊的、略奪的な性格を取りのぞくことによって、両者のあいだに真の和解をもたらそうとするものである。

それゆえ、農業エコロジーは、農業だけにかかわる解決策ではなく、生命の畏敬という深い精神的次元にかかわり、人間を生命にたいして責任ある存在とする。農業エコロジーが人間に与えてくれるのは、永久に満たされないうわべだけの快楽ではなく、魂が打ち震える感動である。それは太古の原始人たちがつねに抱いていた感情にほかならず、彼らにとっては、創造、被造物、大地、すべてが聖なるものであった。

16）文字通り、耕さずに直に種を蒔く方法。
17）植物を水に漬けて作る肥料。

# 第2部
# ヒューマニズム

現代社会の混乱と環境破壊の根本原因としての人間的問題

辞書の定義によれば、ヒューマニズムとは「人格としての人間を尊重し人間性の開花をうながす説ないしは主義」である。しかし、この定義にこだわりすぎると、人類史の長い変遷を通じて人間と自然との関係を阻害し続けてきた誤解を、さらに助長するおそれがある。人間は、以前から、自分の都合や快楽のために、生命を意のままにする君主としてふるまってきた。人間がこの特権を濫用したために、生物圏全体が、そして多くの生物が、破壊と死の危険にさらされ続けてきたのである。人間によるこの逸脱行為には精神的意味合いもある。人間が君主の座に就くことを正当化している宗教の教義が、〈創造〉に加えられたこの冒瀆行為を助長してしまったようにも思われる。ところが、同じ教義において、この〈創造〉は神の業であり、それゆえにもともと聖なるものとされている。こうした混乱や自己撞着を克服しないかぎり、普遍的ヒューマニズムを実現することはとうてい不可能である。人間は、ホモ・エコノミクス〈経済的人間〉としては、たしかに優れた才能をもち、大きな業績をあげているが、それをヒューマニズムの実現のために生かす知性が欠けているのだ。この明晰な知性の欠如にこそ、人類の近未来をおびやかす最大の危険がひそんでいる。それならば、ヒューマニズムの実現というこの野心的な計画を、人間にはもともと不可能だとして、すっかり断念すべきなのだろうか。事を運命の力にまかせて、あとは自分たちに与えられたわずかな可能性の範囲内で、やれることだけをやっていればよいということなのだろうか。この問題をさらにむずかしくしているのは、すべての原因が人間自身にあるということだ。人間解放への道のりにおいて、人間自身が障害になっている。わたしたちは、誤った判断基準にしたがって思考せざるをえないよう、すっかりマインド・コントロールされている。つまりわたしたちは、権力意志という解読格子を通さずには、生命というものを考えることができないのである。おそらくそれは、心理学者たちが「原初の恐怖」[18]と呼んでいるものにたいする本能的反応なのだろう。わたしたちが陥っているこうしたジレンマはともあれ、わたしたちはできるかぎりのことをするしかなく、わたしたちに不可能なことは、神に、あるいは人間意識の奇跡的な覚醒に、委ねるほかあるまい。

いずれにせよ、わたしには、現代世界のあり方を根本的に規定してしまっている――少なくとも、わたしの観点からすればそう思われる――いくつかの錯誤を明らかにすることこそ不可欠だと思われたのである。いまなお多くの誤解があって、過去および現在の事実を正しく見ることをさまたげており、そのために未来の展望を開くことができないでいる。わたしたちはみ

18）誕生時あるいは乳幼児期に体験し、トラウマとなって残る恐怖心。

ずからの失敗をとり繕うのに精いっぱいで、そうした失敗が示している危険の大きさに見合った根本的な解決策を考えることができないのだ。

## 地球は人間のために病んでいる

人類が生物圏に登場したのは、かなり遅くなってからのことである。最初は、ずっと前から棲息していた数多くの動物たちのなかの少数者でしかなく、生存能力に優れた動物種にくらべれば肉体的にもひ弱であったから、もし知力や意識、器用な手、それに垂直に立つことを可能にしている足がなかったら、すぐに消滅してしまっていたかもしれない。ところが今日、人間は地球全体にあふれている。人間は知識と技能を駆使し、すべての生物種の支配者になっている。人間は、たえざる侵略によって、自分以外の生物たちの棲息圏を狭めるばかりか、あらゆる手を使って、彼らを根絶やしにしようとする。人間は捕食者なき捕食者となり、あらゆる生物種の絶対君主を僭称する。そのうえ、人間は自分たち同士で殺戮し合う唯一の生物である。たとえば、人間に近い霊長類であるゴリラは、見かけから獰猛《どうもう》と思われているが、じつは穏やかな性格の草食動物であり、けっして殺し合うことはなく、闘争本能があるとしても、それはあくまで種の生き残りのためなのだ。生き残りのためには手段を択ばない動物たちの行動は、わたしたちの目には残酷にも見えるが、そうした〈自然の〉略奪行為も、じつは冷厳な必然性に基づいている。人間の捕食と違って、ライオンが羚羊を食べるのは自分の生命を維持するためであって、ライオンには羚羊を貯蓄する銀行もなければ、貯蔵する倉庫もないし、羚羊を売ってドルを稼いだり、独り占めして同類を飢えさせたりするようなこともない。動物たちが他の命を奪うことも、生命の法則にかなった行為なのであり、互いに命を与え合うことで、全体として生き続けることができるのだ。こうした観点からすれば、生と死は相対立するものではなく、協同的・相補的である。それは、ちょうど自転車の前輪と後輪のようなもので、いずれが欠けても自転車は前に進まない。生命は、誕生と成熟、生殖と老いからなる、ひとつの運動なのだ。わたしたち人間もこの生命の規則を受け入れるしかない。わたしたち自身、この規則の内部で生きているのだから。もちろん、わたしたちはこの生命の究極の目的を知らない。それを知ろうとしても、けっして知ることはできない。この無知こそ、わたしたちの心をさいなむ苦悩の原因なのだろう。人間には知力、意識、そして自由意志が備わっているにもかかわらず、人間の歴史は生命の根本原理からますます乖離していくばかりである。ところが、この生命の根本原理だけが、わたしたちの生き残りを可能にしてくれるのだ。地球という惑星は、人類のために病んでいると言わねばならない。こうした問題について、いくらでも論じることができようが、もっとも重大かつ深刻なのは以下の問いである――どうしてわたしたちは、自分のいのちの源泉にほかならない生命にたいして、あえて宣戦布告してしまったのか？

## 人間こそ、エコロジー的破局状況の主要原因である

目に見える結果だけでも、それらを客観的に検討するなら、生態圏に及ぼした人間の影響こそ、現在のエコロジー的破局状況の主要原因であったことを認めざるをえないだろう。それは、ほんの短い間の現象であったが、多くの災いをもたらした。この事態は不可解と言わざるをえない。というのもそれは、自然が、自分にたいして最悪の害を引き起こすことを承知のうえで、そのような能力をもった被造物を造り出してしまったことを意味するからである。自然ないし神は、それほどにも純朴だったのだろうか。あるいはもっと単純に、幸か不幸か、人間に絶対的な自由を与えてしまったということなのかもしれない。それはおそらく、人間が自由意志を発揮して、自己を完成させ、世界秩序の形成に寄与することを期待してのことだったのだろう。じっさい、ある宗教の教義では、人間は神の創造の共働者となり、神の業を完成に導くとされている。ともあれ、現在の状況を総括すれば、自然にたいする人間の略奪行為の結果が人間自

身にはねかえってきつつあることは明らかである。地球という惑星は、無償のたわむれの舞台ではないのだ。人間は、原因と結果の冷厳な法則のもとで、自分自身の意志からか、あるいは無意識のうちにか、自分をこの世に在らしめた原理そのものによってこの世から追放されるというプログラムを、みずから設定してしまったように思われる。こうした観点からすれば、人間であることを最終目的とする考えは、間違っているばかりか、不条理の極みと言わねばならない。誠実な人間の良心に、どうしてそのような残酷な仮説を受け入れられるだろうか。みずからの逸脱行為によって人類が破滅するというシナリオは、今日、かなりの蓋然性を持ちつつあるが、それによって、普遍的ヒューマニズムという理想は根底から疑問に付されることになるだろう。とはいえ、普遍的ヒューマニズムこそ、人間が善悪の区別を知って以来、人類の永遠なる希求であり続けていることには変わりない。目に見えないある意志がわたしたちに告げている——人間の目的とは、肉体的、生物学的、物質的段階としての人間を超越して、わたしたちの非物質特性(知性、良心、感情、自由意志など)だけが実現しうる、ある完成をめざすことにある、と。わたしたちは自分の運命を選び、それを方向づける能力をそなえているのだが、あくまで自然が定めた根本条件の枠内でそうすべきであることを、たぶん、よく理解していなかったのだ。人間の完成とは、創造の光に照らされたヒューマニズムによって、人間の創造性が実現しうる崇高なるもの、美しいものの精華としての、まったく新しい次元を到来させることなのである。真のヒューマニズムは、人間であることの複雑な条件や重力から解放された創造力によってはじめて可能になるだろう。自然や大地という基礎的現象の世界にしっかり根を下ろし、その価値と美しさを真に理解するなら、人類は軽やかな精神性の時代を迎えると同時に、実在と現実の聖なるヴィジョンがわたしたちに啓示されるだろう。そのためにも、人間はみずからが生み出した最善のものを集結して、かつてない深刻さでわたしたちに迫っている最悪の事態を軽減し、さらには解消しなければならない。だが、はたしてそれは可能だろうか。

## でたらめな政治から生まれた国家のジグソー・パズル

地球儀をながめると、もともとひとつにして不可分であるはずの地球が、まるでジグソー・パズルのような様相を帯びていることに改めて気づく。人間が勝手に国境線を引いてしまったのだ。このパズルのひとつひとつのピース——大きいのもあれば、小さいのもある——が、それぞれの国の領土ということになる。ただし、本物のパズルでは、すべてのピースがうまく収まれば、全体がひとつにまとまって、意味のある形になるのにたいして、国々が作り出しているこのパズルは、いつまでたってもバラバラなままである。それぞれの国が「合法的」な領土に立て籠もり、国旗を掲げたり、国歌を歌ったりして、互いに一歩も譲ろうとしない。国境線はまったく恣意的に引かれたものであり、その時々の力関係や歴史状況によって絶えず変わり続けているのだが、ともあれ、国境は国民を守るとされている。しかし、国境は国民を閉じ込めてもいるのだ。地球という大いなる全体のなかで、国土は一種の囲い地となっている。わたしたちの地球を特徴づけているのは、すでに見たように、ひとつの統一原理なのだが、国境はこの統一原理を分断し、断片化してしまっている。国家主義者たちは国の安全保障に力を入れるが、逆にそれが政情不安をいっそうかき立てる。国土防衛という名目で武器製造が正当化され、その結果、防衛、攻撃、抑止のための軍備化が始まる。こうした国家による地球の断片化は、原始時代の部族制の名残にほかならず、それが大規模になったものと言えよう。信条、イデオロギー、世論、宗教、民族、社会階級などの分断や分裂も、やはり、この部族主義が形を変えたものである。こうした分断・分裂が大小さまざまな紛争の原因になっていることは、政治学や地政学が詳しく教えてくれている通りである。こうした現代の部族主義は、数多くの文化や民族性を併呑し消滅させてしまう。その結果、覇権主義がのさばり、人類の共有財産ともいうべき民族多様性を犠牲にし、すべてを規格化することによって、人間社会をますます貧しいものにしている。

## 自分たちが造り出してしまった秩序と無秩序にたいして、わたしたちは責任を負わねばならない

以上のような物理的領域での世界の断片化は、人間の魂に隠された心理的・精神的断片化の反映にほかならない。部族主義による自国の安全の追求が世界の政情不安を引き起こし、戦争や紛争などの暴力の原因にもなっていることを見極めることは、けっして容易なことではない。というのも、そのためには、わたしたちひとりひとりが抱いている根本的な不安にまで立ち帰って考える必要があるのだ。精神分析学に頼らずとも、人間がみずから望んで造ったこの世界が、わたしたちの魂から生まれた諸概念によって規定されていることは明らかである。わたしたちが造り出してしまった秩序と無秩序にたいして、自然も、超自然界も、まったく責任はない。もっとも素朴な道具からもっとも精巧な機械にいたるまで、人間はみずからの意志によって、さまざまなものを作り、具象化し、具体化してきた。地球上いたるところ、こうした人工物で埋め尽くされている。美しいものもあるが、たいていは醜悪である。現代のものが圧倒的に多いとはいえ、過去のものもある。過去のものは遺跡といわれ、なかには砂漠の砂のなかに埋もれているものもあり、それを現代人は傲慢にも発掘し暴き出している。人間の傲慢さには

もはや歯止めがかからず、今日、生命のオアシスである地球は賭博場と化し、略奪と市場原理によってすっかり荒廃している。人間の発明物のなかには、製作者の断片的で偏った世界観を反映した欠陥品も多い。原始人が作った棍棒や剣から大陸間弾道弾にいたるまで、武器製造という古くから伝わる野蛮な技術を貫いているのは、他者に向けられた殺人衝動なのである。わたしたち人間は多くの能力と技術を誇っているが、そうした能力と技術を駆使してこの地球上に打ち立てた秩序とは、じっさいには、巨大な無秩序にほかならないのだ。

## 価値に奉仕するのか、価値を利用するのか

ヒューマニズムのための実践活動に参加しようと思うなら、まず、以上のふたつの問いをみずから問い、自分なりに答えを見つけておかなければならないだろう。だが、ここで問題になっているのは、どんな価値なのだろうか。価値の概念と定義の問題は、長い人類の歴史を通じて、哲学、神学、形而上学、あるいはイデオロギー上の討議や論争の大きな主題であり続けた。それゆえ、価値の問題は、民族間の再統合や国家主義の口実として使われたし、分裂、反目、紛争の原因ともなってきた。人類は、相反する価値のために、これまでも対立を繰り返してきたし、現在も繰り返している。もし、人間意識に大きな変化が起こって、人類の絶対的統合性が明らかにされるということがなければ、その対立は今後も繰り返されるだろう。

キリスト教とイスラム教ないしはユダヤ教の宗教対立、共産主義と自由主義のイデオロギー対立、これらの対立はいわゆる恐怖の均衡、冷戦を生み出し、東西対立、民族対立の原因にも

なった。敵対者はそれぞれに真理と真の価値は自分たちにあると信じるばかりか、自分たちには神の加護があるなどと言い張って、自分の同類たちを徹底的に迫害する。直接的・間接的暴力、道義にもとる精神的暴力、民衆全体を飢えさせる経済的暴力、最新兵器による物理的暴力、そうしたさまざまな暴力があふれるなかで、人類の歴史は恐るべき運命の轍にはまり込んでいるかのようだ。こうした悲劇から幾多の芸術作品が生まれ、それを研究し精緻に分析する多くの論文が図書館の書架に並び、また記念行事が行われたり、記念碑が建てられたりしているが、じっさいにそうした悲劇が自分の目の前で起こっても、わたしたちにはそれを根絶する力もないばかりか、それを根絶しようという気力すら起こらず、ただ無関心に眺めるだけである。

## ヒューマニズムの観点から見た平和な世界を築くための価値

人類の歴史は、大きな悲劇を何度も経験しているとはいえ、同時にまた、人類共通の運命を真のヒューマニズムへと導く超越的な価値をも生み出している。そうした価値は、人類の統一、連帯、共生をもたらすものであり、それゆえ、人間の意識が生み出したもっとも美しく、もっとも気高いものの精髄だと言える。

こうした価値に奉仕するとは、それを完全無傷のまま、つまりは自分の本能や利害、自分の権力意志、肉体的、心理的、精神的な支配欲によって歪めることなく、他者に、そして後世に、正しく伝えるということである。これらの価値は、真に平和な世界を築き上げるためにわたしたちが持ちうる最良の方法となるだろう。というのも、真に平和な世界とは、わたしたちがみずからのうちに実現しえた心の平和からしか生まれないのだ。とはいえ、以上の考察は単なる道徳論ではないし、わたし自身、説教するつもりはない。これらの価値は、見る目を持つひとなら誰でも見ることができる、確かな客観的事実なのである。各人の都合でどのようにも解釈できる抽象的真理を述べ立てるよりも、もっと単純で具体的な価値に奉仕し、それを広めるために、一致協力しようではないか。たとえば、自分のまわりにいるひとびとへの思いやり、他者が飢えや貧困で苦しむことがないよう配慮する節度ある暮らし、同情心や連帯、あらゆる形態における生命を尊重し、保護すること。

## 恐怖の冥府から抜け出すこと

人間はいまなお、どんな奇跡によって人類がこの世に出現したかを真に理解することもなく、相も変わらず、いがみ合い、苦しめ合っている。それは相互不信による恐怖心のなせるわざだが、この恐怖の冥府から、人間はなかなか抜け出せない。同じ人間が生み出した科学が教えるところでは、地球上の生命は、いくつかの絶対的な決定要因がまったく信じられない形で結合することによって、はじめて誕生したのである。太陽から分かれた断片、炎に包まれたその塊が、四十五億年もの長い間、複雑な錬金術の坩堝となり、とてつもなく大きな力を受けて激しく痙攣し続けた。そうした長い孵化期を経て、互いに衝突を繰り返していた基本要素の活動もようやく収まり、ついに生命の母体となる奇跡の惑星が誕生した。この巨大な働きから、じつに長い忍耐の結実として、生ける有機体が出現したのである。動物と植物からなるこの有機体は、全体としてひとつの生物圏を構成する。力強くもあり、壊れやすくもあるこの生物圏は、まさに生命が燃え上がる壮麗な舞台である。地球の表面全体を被膜のように覆う生物圏の奇跡的な価値を知るには、大きなサッカーボールがプラスティックのバッグに入っているところを思い描いてみるといいだろう。バッグの厚みは、いわば裏返しにされた胃の壁面であり、あらゆる生物を生み出すとともに、自分が生み出したすべてのものを消化吸収し、それをすっかり栄養分に変えてしまい、屑や廃棄物はまったく出さない。わたしたち人間もまた、このシステムから生まれたのであり、しかもこのシステムのそとに出ることはけっしてできないのだ。わたしたちはまだ、こうした生命の秘密をすべて知っているというにはほど遠いが、こうした驚くべき生命の働きをどう理解したらよいか、またこの働きにどのように対応すべきかを知るのに十分な知識をすでに得ているはずである。ところがまさにその点において、わたしたちの知力の衰えははなはだしく、すでに危険水域に達している。不可解な無知蒙昧が、人間という種を生命現象の統一性を損なう〈地殻変動〉たらしめているのだ。つまり、こうした無知によって、わたしたちは、生命システムというみごとな現象に大きなダメージを与え続けているのである。それはまさに知性にもとる所業と言わざるをえない。

## 科学の成果であるテクノロジーは、新たな世界変革のための驚異的な道具となりうる

科学技術のもたらした数々の成果を拒否する必要はないが、それが今後も現代人の世界観を制約している二元対立と断片化の原理に奉仕し続けるとすれば、この優れた成果も、人類の終末を早めるだけである。統一性、共生、寛容の原理をこそ、わたしたちは受け入れるべきであり、それには、子どもたちの教育を変えることがてっとり早く、効果的である。ともあれ、この原理にしたがうことによってはじめて、最新テクノロジーも新たな世界変革のための驚異的な道

具になりうる。ただしそのためにも、わたしたちの集団的意識が、これまで人類を悲喜劇的な軍拡競争に駆り立ててきた、あの執拗な恐怖心から解放されていなければならない。地球の未来は、まだ危ういほどに幼稚な人類がどこまで成熟するかにかかっている。誠実、謹厳、高い見識を謳い文句にしながら、じつは幼稚園レベルの——ただしそれほど純真無垢ではない——人間組織がいまだに多いのだ。

## 超高度テクノロジーを駆使するには超越的意識が必要である

人間同士の紛争のなかには、領土などの具体的・物理的問題ではなく、宗教、ナショナリズム、文化、イデオロギーなどの思想的・精神的対立によって引き起こされたものも少なくない。人間は、多くの場合、目に見えるもののためではなく、思想、真理、世論、偏見、相対立するドグマのために、殺し合う。二元対立こそが人間が生き抜くための根本原理であると考えるひとも多い。自然淘汰を原理とするダーウィンの進化論を信奉するひとびとは、二元対立こそ進歩の源泉であり、ダイナミックな社会システムを創り出していると主張する。だがじっさいには、こうした対立や競争が人間システムを弱体化させ、さらには崩壊させているのだ。このことは、誰でも容易に確かめられるだけでなく、その犠牲者になっているひとも少なくないし、自分が加害者になることさえある。それにもかかわらず、不毛な二元対立の原理が現代社会を支配し続け、建設的・肯定的な力を無限に秘めているはずの一体性、連帯性、互恵性の原理がまったく顧みられないことは驚くべき現象と言わねばならない。今日、科学技術の革新によって二元論を越えた一体性を実現しうる手段がますます増えているだけに、そうした判断力の欠如は嘆かわしいことである。人間は、あるべき世界にたいして、もっと賢明な願望を抱くべきである。地球という惑星は、いまや、ひとつの村になっている。ひとつの大陸から別の大陸に移動するのに、わずか数時間しかかからないのだ。ますます高速度になっている電気通信網がひとびとをあまねく結びつけ、世界規模での情報交換が可能になっている(ただし、その恩恵に浴しているのは、まだ少数者にとどまっているが)。一種の精神世界、世界中のひとびとの意識のネットワークが、今日、夢ではなくなっている。というより、この精神世界はすでに形成されつつあるのだが、問題は、それがどんな基準にしたがっているか、ということである。この電気通信網からなる精神世界が、あいもかわらず、競争原理、二元対立、市場原理、人間の孤立、猥褻な遊びなどに奉仕するだけなら、人間システムの解体プロセスを加速させ、最終的破滅を早める結果になるだろう。高度に発展した通信手段は、人間同士を真に結びつける役割を果たし、人類の一体性とアイデンティティを認識することを可能にしてくれるだろうか。だが、それはまったく不確かである。わたしたちは、この折角の通信手段を、もっぱら子供じみた用途のために使っている。この超高度テクノロジーを真に生かすには、わたしたち自身が超越的意識を持つことが不可欠である。

## パラダイム・チェンジをうながし、世界を造り替えるべく、わたしたちの能力と手段を共有化するための新しい提案

限りなき成長という思想は多くの問題をはらんでおり、真の解決をもたらすものではないということは、明白な事実として、すでに多くのひとびとが認めている。それに関連して多くの提案がなされているが、そのこと自体、もし人類がこれからも生き続けることを望むなら、パラダイム・チェンジが必要であることをはっきり示している。現代の世界を支配し、決定づけている社会モデルを単に改善すればよいと考えるのは、非常に危険な幻想である。たとえば、じっさいには有限である地球を、最後の一本の木、一匹の魚にいたるまで、搾り取るべき資源の宝庫としか考えないのは、まさに精神の破綻である。エコロジーと人間の運命にかかわる緊急事態に対応すべき新たなパラダイムないし新たな論理は、人間と自然をわたしたちの関心の

中心に据え、わたしたちに可能なあらゆる方法、あらゆる能力をそのために傾注することを絶対の条件とする。

良心が目覚め、活動しはじめているとすれば、それだけですでに運命に打ち勝っていると言ってよい。なぜならその良心は、みずからのうちで、また日々の生活のなかで、すでに実現している統合によって、社会の統合に貢献しているのだ。わたしたちはみな、現在の世界をがまんして受け入れるのではなく、自分たちの能力と手段を結集して、世界を新しく造り替えるよう、うながされている。ヒューマニズムを実現するための方途として、つぎのことが可能であろう。

――教育の場で、子どもたちに、連帯、生命の畏敬、感謝、節度、わたしたちを感動に誘う豊かな美について教えること。現状では、生命に目覚めることなく、足ることを知らず、いつもうんざりしている陰鬱な消費者になることだけを教えられた子どもたちの世代がつぎつぎに育っている。現在の教育は、世界を理想的に変えるとか、未来の世代を現代の諸課題に立ち向かわせるとか、そうした重要なことを教えていない。根本的な世界改革のためには、何よりもまず、競争精神やライバル意識を捨て、互いに助け合い、補い合う精神を身につけること、自然を理解し大切にする人間になるよう、自然に親しませること、手仕事とその技能を復権・復活させること、そうしたことが必要である。

——男性と女性のあいだの均衡と調和をはかること。女性が男性に服従するという現象はいまだに世界中で見られるが、それはじつに嘆かわしく、歴史の健全な流れを阻害する逸脱行為である。たとえば、「対立する性」という言い方はやめて、「補い合う性」と言うべきある。客観的に見ても、そのほうが現実に即しているし、また両性の和解と調和をうながすことにもなる。女性性こそが、世界変革の中核になるべきである。

——生命はさまざまな形態をとるが、そうしたあらゆる形態の生命を、とりわけわたしたちの運命の仲間である生きものたちを、大切にすること。それらの生きものたちは、人類の全歴史を通じて、貴重な存在であり続け、わたしたち人間は、彼らに多くのものを負っている。にもかかわらず、とりわけ動物たちにたいして、人間はまったく非道な抑圧と暴虐を加え続けてきた。

——大地を敬い、大切にすること。わたしたちの現在と未来の生はもちろんのこと、わたしたちの生活に欠かすことができないあらゆる共有財産、たとえば、水、野性の動植物のみならず家畜や作物も含む生物多様性、どんなことにも役立つ生活の知恵や技能、それらすべてを、わたしたちは大地に負っているのだ。大地に足をつけ、自然との接触を取り戻すことによって、わたしたちは、生きるに不可欠な自然とのつながりを深く味わうとともに、そのつながりを自分の内部でも感じることができるようになるだろう。

——これまで殺戮と破壊に費やされていたすべての努力と手段を、飢えや病気など、人間を襲い続ける大きな災害や困難を解決するために、さらにはすっかり損なわれてしまった生物圏の復活のために、活用すること。

——節度、節制を、自分自身、他者、そして自然と調和して生きるための技法として、日々の生活において実践すること。それは、〈進歩〉の思想を深く反省し、苦悩、暴力、許しがたい不正行為の根本原因である欠乏の固定観念から自分自身を解放するための、良心的活動である。

——経済を復権させ、大多数のひとびとの正当な要求に応えて、必要な商品を適切に供給する機能を復活させる。地球を破壊し、欠乏、不正、暴力だけを生み出す人間のあくなき欲望に支えられた現代の経済とは縁を切る。この似非経済は、ひとびとの真の要求に応えようともせず、よけいなものしか商わない。もし真の経済の原則が実行に移されるなら、誰ひとりとして生活必需品に事欠くことがなくなるだろうし、地球資源がごく少数の人間によって独占されることもなくなるだろう。そのための第一歩は、地方で生産し、地方で消費すること、つまり地産地消である。

——わたしたちのすばらしい地球の再生復興に、国際規模で取り組もうではないか。

わたしたちは、以上のことを実現する力を十分持っている。

## 世界の変革の基盤として、個人的な変革が必要である

とはいえ、パラダイム・チェンジは、ひとりひとりの個人的活動なくして、実現しえないだろう。すなわち、各人がそれぞれに、存在価値を所有価値に優先させ、節度と倹約を心がけるということである。自発的で幸福な節度という理想をどこまで実現できるかが、倫理的にも、政治的にも、エコロジー的にも、さらには戦略的にも、この問題の鍵となる。倫理的というのは、こうした節度によって、ひとびとが正当に要求する物資をより公平に分配することが可能になるからである。政治的というのは、資産をむやみに蓄えるのをやめることで、労働と人間的創造性に基づく社会組織を創り出し、ひとびとの正当な要求に応えることができるからである。エコロジー的というのは、乱獲をなくすことで、自然資源を節約することができるからである。戦略的というのは、経済や商業の独裁的経営者たちが信奉している「もっと多く」の論理を骨抜きにするからである。

以上の提案は、道徳的教えでもなければ、人道的環境保護団体向けの新しい十戒でもない。これらの提案は、明白な事実をふまえつつ、人間の知性と心情によりふさわしい世界を造りたいという願望から生まれたものである。というのも、現代の世界を支配している論理が生命の

論理とまったく相容れない以上、わたしたちはこの世界を拒絶せざるをえないのだ。全世界の命運を背負っている国際政治家たちの懸命の努力にもかかわらず、「もっと多く」の論理は、いくら修正をほどこしても、これ以上持ちこたえるのはとうてい不可能である。人類が生き延びるためには、世界を変えなければならない。このことはすでに明らかだが、今後、ますますはっきりしてくるだろう。それは、わたしたちに突きつけられた最後通牒なのだ。この厳しい要請を正しく理解し、受け止めることができるか否か、それこそ、わたしたちの知性が、明晰な判断にもとづいて、自分自身の才能や能力を真に生かすことができるかどうかの試金石である。ともあれわたしたちは、一種の直観力によって、永遠なる生命の原理に自分がすっぽり包み込まれる、そうした至福の生を予感する。その生は、とりわけ、自然の壮大な美によって啓示される。この啓示が現われるのは、現代世界の喧騒のなかでは、ごくまれな瞬間でしかない。だがたとえば、安らかな静寂がわたしたちのあらゆる苦悩を拭い去ってくれる瞬間、生命がいかに荘厳であるか、わたしたちの生がいかに素晴らしいか、をはっきり意識することができる。それはほんの一瞬のことだが、その一瞬を味わうだけで、わたしたちは感謝の気持ちでいっぱいになり、その一瞬のためにすべてを捧げたいとさえ思うのだ。

# 普遍的ヒューマニズムの実現が人類の歴史の緊急課題になっている

普遍的ヒューマニズムを実現しうるか否かは、わたしたちひとりひとりに深くかかわる問題である。というのも、普遍的ヒューマニズムこそ、テイヤール・ド・シャルダン（一八八一～一九五五、フランスの古生物学者、哲学者）が言うところの「人間という現象」の究極目的と存在理由にほかならないからである。宇宙の生成発展という文脈で考えれば、この現象は、多くの原子と染色体がたまたま結合した結果にほかならず、つまりは何の目的もない偶然の産物だということになる。だがいっぽうで、この「人間という現象」は、至高なる意識が、ひとつの計画にしたがい、明確な目標をもって造り出した偉大な創造世界の頂点であるとも言われている。そうであるとすれば、人間をおもな対象とし、さらには創造の究極目的とするような、ひとつの原理がすべてを主宰していることになる。このふたつの仮説を両極として、さまざまな考え、相矛盾する、さらには対立するような考えもありうるだろうが、いずれにせよ、絶対的な確信を得ることは不可能である。こうした大いなる謎を前にして、わたしたちは、出発駅も終着駅も分からない汽車に乗っている旅客にほかならないという感情に強く襲われる。汽車が走り続けるなか、誕生と死のメリーゴーランドが、日々の、年月の、さらには世紀のリズムと拍子で回転する。金持ちであれ、貧乏人であれ、皇帝、王、大統領であれ、一介の地球市民であれ、わたしたちがこの世に存在するのはつかの間であり、自分たちがまったく偶然の存在でしかないことを痛切に感じる。わたしたちは過ぎ去るが、生命はとどまり、永遠に続く。万物は創造主によって創造されたとする特殊創造説は、今日、大多数の科学者によってまったく根拠のない異説とされているが、この説にしたがえば、人類は世界創造の最初から存在していたということになる。この特殊創造説は今日ではまったく例外であり、一般常識では、人類の出現は、地球上における生命の発展プロセス全体からすれば、ごく最近に起きた現象であるとされている。つまり、人類の誕生は生命のプロセスの結果であり、それゆえまた、このプロセスの一部をなしている。生命誕生から現在までを二十四時間とすれば、人類の出現という出来事は、たった二分ないし三分前のことでしかない。さらに付け加えれば、地球という巨大な鉱物の塊のうえに動物と植物からなる生ける有機体組織が出現するまで、宇宙誕生からすれば四十億年もの長い歳月が必要だったのである。この生ける有機体組織の総体をわたしたちは生物圏と名付けているが、この生物圏こそが、幾多の驚異的な進化発展の過程を経て、もっとも進化した哺乳動物、直立歩行し、意識、知力、器用な手、そして自由意志をそなえた特異な生きもの、つまり人間の出現を可能にしたのである。

## エコロジーとヒューマニズム

人類は大きな苦悩と最悪の暴力をみずから引き起こしながら、そうした苦悩や暴力に歯止めをかけることができない。だが、そうした悲惨な状況にあっても、ヒューマニズムの萌芽はつねに存在している。人間は、みずからの構成要素として、平和、理解、同情、利他主義、公平、愛の種子を宿しているのだ。それらの種子は度重なる悲劇の底に埋もれているが、いっぽう、そうした悲劇が発芽を促してもいる。惨禍は絶えることなく、過去にもあったし、現在もなお、ほとんど日常の光景となっている。それを十分承知しているはずの人間が、いったいどうして、そうした惨禍に終止符を打つために、決然たる覚悟をもって立ち向かおうとしないのか。そうした悲劇は、記憶という不確かな書物に書き込まれるとともに、華々しい演説で取り上げられ、また図書館に山積みされている学術研究や歴史家の分析の主題ともなっている。また芸術作品、映画、熱狂的賛辞、武勇伝、さらには学問的論争の格好の題材になり、それによってますます、愛国心、憎悪、復讐心がかき立てられる。悲惨な戦争のあと、休戦協定が締結された直後は、「二度と繰り返しません」という不戦の誓いがなされ、感動的な休戦記念祭が挙行される。ところがそれもつかの間、さっそく軍備競争が始まり、最新の大量殺人兵器がつぎつぎに開発される。戦争の英雄や犠牲者を偲んで、記念碑やモニュメントが建てられるのはいいとしても、真の人間理性からしてもっとも肝心なこと、つまりそうした悲劇を根絶する解決策は、永久に先延ばしにされてしまう。人類の歴史はいたるところに愚弄と無力の刻印が押されているかのようである。今日ほどに、人類の技術力と財力が殺人本能を満たすために費やされている時代はかつてなかった。じっさい、いま世界中にどれほど莫大な武器が蓄えられていることだろうか。「鉄の嵐」が吹き荒れるなかで、愛とか、民主主義とか、人権とか、自由とか、融和とか、口当たりのいい言葉が、運命のあいまいさを取り繕っている。さまざまな形の暴力（ナショナリズムによる暴力、軍事的暴力、経済的暴力、イデオロギーによる暴力、宗教的暴力……）をどうすることもできない人類の無力を前にして、そのもっとも安易な言い逃れは、この世には呪われた悪魔的な実体が潜んでおり、それが絶大な力で人間を操って、〈悪〉をはびこらせているのだと信じることである。この言い逃れはいかにももっともらしいが、そう思い込んでいるかぎり、人間は、悪を知り、拒絶しながら、しかも悪から永久に逃れられないというジレンマに陥ってしまうだろう。この形而上学的といってもよい仮説にしたがうなら、人間は、ひとつの運命、魔法、呪いの生贄であって、人類の後見人である大いなる力だけがこの呪縛から人間を解放できるということになるだろう。だが、人間の条件にたいする安易な責任逃れにしかならないこんな仮説に賛同することなど、どうしてできようか。

## 賛美と感謝の思いによって、絶えざる苦悩からみずからを解放する

もう一度繰り返すが、こうした疑問は、いくら頭をひねっても答えは出ず、人間の無知を痛感するだけである。以上見たような仮説をふまえて、わたしはただつぎのことを提案したい。それは、「創造と被造物はともに聖なるものである」という古くからの民衆の直観をすなおに認め、受け入れる、ということである。じっさい、この直観はわたしたちに強く訴えかけてくる。地球が催してくれる美の饗宴を前にして、わたしたちは素直に感嘆すればいいのだ――なんて美しいんだろう、なんて美しいんだろう、と。そうすれば、賛美と感謝の思いによって、絶えざる苦悩から解放されると同時に、わたしたち人間の使命の核心に触れることができる。人間の使命とは、わたしたち自身を、わたしたちの同胞を、そしてわたしたちの仲間であるすべての生きものたちを、さらにはわたしたちの母なる惑星である地球を、ひたすら愛し、大切にする、それに尽きている。地球はわたしたちのものではなく、わたしたちのほうが地球に属しているのだ。誰にも疑いようのないことだが、わたしたちは過ぎ去り、地球はとどまる……

## 美は世界を救うことができるか

わたしの見方からすれば、この問いにたいする答えは「イエス」である。だがそれには、まず問題の所在を明確にする必要がある。もちろん、それは簡単なことではなく、そのむずかしさはわたしも承知している。そこでわたしは、ひとつの証言として、わたし自身の経験を語りたい。あらかじめ言っておけば、この複雑な社会の未来は、わたしたちが勇を鼓して、どんなユートピアを思い描くかにかかっている。

ともあれ、わたしもそのひとりだが、美が世界を救うことができると考えているひとも少なくない。だがここでもまた、美とは何か、また救うべき世界とはどんな世界なのか、そうした点について、あらかじめ了解しておく必要があるだろう。自然のなかでわたしたちが美しいと思うものはすべて、人類の誕生以前から、すでに存在していた。まずは大空。昼間は、太陽が光と熱を地上に注ぎ、夜は、無限の静寂のなかで、遠い星座が宝石のようにきらめき、月が不易の周期とリズムで満ち欠けを繰り返している大空。そして森、川、大洋、山々、そこに住むあらゆる生きものたち。色彩、香り、鳥の歌声、そうしたわたしたちを魅惑してやまないものも、人類が出現する前から、すでに存在していた。もちろん、四大[19]の怒りも忘れてはならない。

嵐、雷、台風、火山の噴火、洪水、地震。しかしまた、深い静けさやのどかさ、軽やかな微風……当然ながら、美は人間などまったく意に介さないだろう。人間が存在するのも、いわば偶然であり、存在しないこともありえたのだ。いっぽう美は、それ自体によって、それ自体のために、存在する。人間が消滅しても、美という現実には何の変化もなく、地球という惑星も、やかましい二足動物がいなくなってほっとした気分で、相変わらず規則正しく太陽の周りを回り続けることだろう。以上の事実をすなおに認めるならば、人間が置かれている立場もはっきり見えてくる。人間はもはや創造世界の帝王を気取ることはできないが、そのかわりに、謙遜という美徳を取り戻すことができるだろう。こうした文脈のなかで、人間という現象は、結局のところ、どういう位置づけになるのだろうか。

人類学と考古学が明らかにしたところによると、人間は、意識が目覚めると早速、自分が属している現実に敏感に反応した。まずは自然にたいして。しかもそれは、生物学的意味で生きるに必要なもの、たとえば木の実や獣や魚などを恵んでくれるからというだけでなく、自然は、神話や象徴を通して、魂や感情にも強く訴えかけてくるからである。たとえば、古代の洞窟壁画を見ると、原始人が、彼らのまわりに棲息していた動物を非常に鋭く観察する能力をすでに

19）万物の構成要素とされる、地、水、火、風の四つの元素。

備えていたことが分かる。原始人は動物を神として崇めることもあったが、それはおそらく、彼らには原因不明だった他の多くの現象の場合と同様、動物が引き起こす恐怖を祓うためであった。このように、すべてが生命の大いなる神秘のうちに営まれていたのであり、人間はあらゆる被造物を通じて創造者の魂を感じ取っていたのだ。

アニミズム的な原始心性をもった芸術家は、自然の多様性から霊感を受けながら、美を表現し続けたが、長い間には、その表現も多様に変化していった。こんなふうにして、わたしたちの遠い祖先が描いた絵、たとえば彼ら自身の日常生活の情景を描いた作品が、芸術の魔術を通じて、彼らが感じていた印象や深い感動を、そっくりそのまま、現代のわたしたちに伝えてくれるのである。このように、人間は印象や感動といった心の振動現象を情念的記号体系として表現するという奇跡をやってのける。記号体系に変換されているからこそ、印象や感動は、時空を越えて、ほかのひとびとにも伝わるし、また世代から世代へと伝わっていく。同じことが、人類の歴史をとおして絶え間なく行われてきたあらゆる美的創造について言える。以上のことをふまえれば、美を求め、美を表現することが、人間存在のたしかなアイデンティティとなっていることが納得されるだろう。このように、美を表現することは人類共通の深い欲求なのだが、その表現方法や表現形態はじつにさまざまである。美の評価の仕方も、文化の違い、価値観の違いによって、大きく変わってくる。かくして、あるひとにとって美しいものが、別のひとには醜く見えることも大いにありうる。その点からすれば、美の概念は人間の主観性に左右されると言わざるをえず、そのために、対立や争いの種にもなる。裸体画を美しいと思うひともいれば、それを見て顔をしかめるひともいる。同じように、モーツァルトのみごとなソナタも、文化の違いのために、それを味わう素養を身につけていないひとにとっては、理解不能の雑音でしかない。

だとすれば、普遍的な美が、多様性のなかにも深い統一をもたらし、ひ弱ではかない人間の欲求を満たすとともに、人間の感覚的ないし超感覚的経験を昇華し、忘却から救うべく、それを永遠化する、そうしたことを可能にするには、いったいどうしたらよいのだろうか。皮肉なことに、美に仕えるとされる芸術が、醜いものを美化することもあるし、そうした醜いものをわたしたちに向けた特別なメッセージとして表現することさえある。同様にまた、美の表現に生涯を捧げたはずの人間が、実生活では、悪辣なことをやっている場合もある。もっとも恥ずべき衝動に仕える芸術と普遍的な美のあいだに、いったいどんな関係があるというのか。たとえば、暴力を讃える軍歌。美学的にはみごとに作曲されていても、それは群衆を熱狂させ、憎悪をかき立てるだけでしかない。あるいは、血なまぐさい冒険を語る英雄譚。もちろん、そんな偏向した美は世界を救うためのものではありえない。

こうしたあいまいさは、美の概念を明らかにするどころか、ますます混乱させるばかりである。長い歴史を通じて、人間はきわめて醜悪なものを生み出してきたが、同時に美しいものも創り続けてきた。音楽、絵画、詩、モニュメント、美しい建築、美しい庭園、美しい衣装。人間はその歴史をみごとな作品で飾り続けてきたが、その裏で、自分の同胞を搾取し、またその美しさを讃えながらも、自然を略奪してきた。しばしば引き合いに出されるが、音楽をこよなく愛し、あらゆる芸術を嘆賞する人間が、ひとたび戦争や悲劇的事件が起きると、おぞましい本能に目覚め、男であろうと、女であろうと、子どもであろうと、無差別に冷酷非道な迫害を加える、そんなことがじっさいにあったのだ。これまで、美の表現としての芸術は、たしかに風俗習慣やひとびとの素行を醇化したり、改善したりはしたが、世界を救うにはいたらなかった。人間の憎しみが引き起こしたおぞましい悲劇的事件が、いまだに映画や文学や絵画の主題となっているのだ。

とはいえ、こうした憎しみや恐怖のさなかにありながら、みずからの命を賭して、力強く美しい同情心を発揮するひとがいることも忘れてはならない。現代のように人間があらゆる仕方で世界中に醜悪さをばらまいた時代はかつてなく、世界全体が醜くなりつつある。ひとびとが浮かれさわぎ、芸術作品を楽しんでいるあいだにも、毎日、森が破壊され、海が汚染され、数多くの生きものたちが死んでいく。毎日、食べ物もなく、治療も受けられず、多くの子供たちが死んでいくが、誰も気にもとめない。経済戦争によって、毎日、膨大な数のひとびとが赤貧状態に追いやられる。毎日、大量破壊兵器が製造され、それが世界中に広がっていく。こうした醜悪さは、今日すっかり日常化し、いたるところにころがっている。わたしたちの地球、この生命の惑星のすばらしさは、すこし目を凝らせば、誰の目にもはっきり見えるはずなのに、その美しい地球が、人間が生み出した醜悪さによって、辱められているのだ。

わたしたちが属している地球、その神秘的な創造力によって、わたしたちのひとりひとりを真の傑作として生み出してくれた――わたしたちにはほとんどその自覚がないとしても――地球、この地球という現実に加えられた深い傷のために、自分みずからも傷つけられていると感じるひとは少なくない。どんな善悪二元論も、いかなる初歩的道徳論も、遠く及ばないほどに、醜い破壊意志と美しい建設意志が、わたしたちひとりひとりのうちに分かちがたく併存している。たしかなことは、最善のものも、最悪のものも、わたしたちが造り出したこの世界において、わたしたちがどのように存在するかによって決まってくる、ということである。この世界は、わたしたちがうちに秘めているもっとも美しいものによって救われるだろう。同情、分かち合い、節度、公平、寛容、あらゆる形態における生命への敬意。そうした美だけが世界を救うことができる。なぜならこの美は、わたしたちが〈愛〉と呼ぶ、何ものも及ばない大きな建設力を秘めたあの神秘的な霊気に養われているのだから。

# 地球とヒューマニズムのための国際憲章

以下、この憲章はピエール・ラビが二〇〇二年のフランス大統領予備選に立候補した際の綱領に基づいている。

わたしたちは、
どんな地球を子どもたちに残そうとしているのか？
どんな子どもたちを地球に残そうとしているのか？

地球という惑星は、宇宙の広大な砂漠のなかで、わたしたちが知っているただひとつの生命のオアシスである。

地球を大切にし、物理的にも、生物的にも、自然の均衡状態を尊重し、節度をもって資源を利用し、あらゆる形態の生命をうやまいつつ、人間同士のあいだで平和と連帯の輪を作り出す——それこそ、人類が抱きうる、もっとも現実的で、もっとも素晴らしい計画である。

## 確認：地球と人類は深刻な危機にさらされている

### 限りなき経済成長という神話

現代世界のあり方を決定づけている産業界主導の生産至上主義的モデルは、「もっと多く」という成長イデオロギーと、限りある地球から限りない富を引き出そうとするあくなき利益追求のうえに築かれている。地球資源は略奪されるか、さもなければ、人間同士の競争あるいは経済戦争に勝った強者が独占する。枯渇しつつある石油などのエネルギー資源の大量消費に依存するこの世界モデルは、とうてい普遍的、永続的ではありえない。

### お金が全権を握っている

お金は、ＧＤＰ（国内総生産）とかＧＮＰ（国民総生産）によって格付けされる国家の繁栄を計る唯一の尺度となり、人間集団の運命に全権を振るってきた。金銭で計れないものは無価値とされ、所得のない人間は社会的に抹殺される。しかしお金は、たとえあらゆる欲望をかなえることができたとしても、生きることの喜びや幸福感をもたらすことだけはけっしてできない。

## 化学農業の破綻

産業化された農業は、化学肥料、農薬、交配種を大量に使用し、過度の機械化に頼ることによって、恵みの大地と伝統農法に致命的な打撃を与えている。破壊せずには生産できないというジレンマに陥った人類は、未曾有の飢饉に直面している。

## ヒューマニズムの精神なき人道支援

自然資源は、今日においてもなお、すべての人間の基本的欲求を満たすに十分である。にもかかわらず、欠乏と貧困はますます深刻化している。ヒューマニズムの精神によって、公平、分かち合い、連帯にもとづく世界を実現することができないために、わたしたちは人道支援という弥縫策にたよっている。要するに、マッチ・ポンプの論理がまかり通っているのだ。

## 人間と自然の乖離

都市住民が多数を占める現代世界は、〈土を離れた〉文明を築きあげることによって、自然の現実、自然のリズムとの接触を失ってしまった。人間の生活条件は劣悪となり、大地は荒廃した。〈南〉であれ、〈北〉であれ、世界のいたるところで、飢饉、栄養失調、病気、弱者排斥、暴力、不満、身の危険、土壌・水質・大気の汚染、生きるに必要不可欠な資源の枯渇、砂漠化等々が拡大しつつある。

## 提案：生きること、そして生命を大切にすること

### ユートピアを具体化する

ユートピアとは幻想ではなく、あらゆる可能性をひめた「どこにもない場所」なのだ。ユートピアは、現在の生活モデルの限界を乗り越え、行きづまりを打破するための生の衝動、わたしたちが不可能と思っていることを可能にする力にほかならない。今日のユートピアにこそ、明

日の解決がひそんでいる。最初のユートピアは、まずわたしたち自身のうちで具体化されねばならない。人間ひとりひとりが変わらなければ、社会の変革はありえない。



## 地球とヒューマニズム

人類共通の財産である地球こそ、わたしたちの現在と未来の生の唯一の保障である。みずからの良心にしたがい、行動的ヒューマニズムにもとづき、あらゆる形の生命を尊重しつつ、すべての人間の幸福と願いの実現のために、微力を尽くそうではないか。美、節度、公平、感謝、共感、連帯を大切にしよう。それらは、すべての人間が生きられる世界、また生きるに値する世界を築き上げるのに不可欠の価値である。

## 〈生きるもの〉の論理

現在支配的な世界モデルは修復不能であり、まさにパラダイム・チェンジが不可欠である。〈人間〉と〈自然〉をわたしたちの関心の中心に据え、あらゆる手段を使い、あらゆる能力を発揮して、〈人間〉と〈自然〉に奉仕することが、現代社会の緊急課題である。

## 変革の心としての女性

過激で暴力的な男性社会に女性が隷属していることが、人類の実りある変革を阻む最大の障害のひとつとなっている。女性たちはつねに、生命を破壊するのではなく、守り育てようとする。生命の守り手である女性たちをほめ称えるとともに、わたしたちひとりひとりのうちにひそむ女性性の語る言葉に耳傾けなければならない。

## 農業エコロジー

人間のあらゆる活動のなかでもっとも必要不可欠なのは農業である。どんな人間も食べなければ生きていけないのだ。生命の倫理として、またあるべき農業技術として、わたしたちが強く奨励している農業エコロジーは、ひとびとがみずからの自立、安全、健康を取り戻すことを可能にするとともに、人間を養う共同財産である農地を再生し、また保全する。

## 幸福な節度

少数の人間のために地球を破壊しつつある、際限なき「もっと多く」の論理にたいして、節度という美徳は、理性にもとづく良心的選択である。節度は、生きる技術であり、生命の倫理であり、満足と深い幸福感の源泉である。節度は、地球を守り、人間同士の分かち合いと公平を実現するための政治姿勢であり、抵抗活動である。

## 経済のローカリゼーション

地域で生産し、消費すること、つまり地産地消は、人間の基本的かつ正当な欲求を満たし、ひとびとの安心と安全を守るうえで、必要不可欠である。そうすれば、地域は、地元の資源を活用しつつ、大切に維持していくための自立的拠点になるだろう。とはいえ、地域間でそれぞれに不足しているものを補い合う交換を否定するわけではもちろんない。人間的尺度の農業、職人仕事、小売店……住民の大多数がふたたび経済の主人公になるためには、こうした仕事が復権し、復活することがぜひとも必要なのだ。

## まったく新しい教育

挫折の苦悩ではなく、学ぶ喜びに立脚する教育の実現を、わたしたちは心から希望しているし、理性に照らしても、そのような教育がなされなければならないと信じている。〈自分は自分のため〉というエゴイズムの原理を排し、助け合い、補い合う人間能力を高める教育。ひとりひとりの才能を、すべてのひとのために発揮できるよう、伸ばしていく教育。

手を使って物を作り出す訓練を通じて、抽象的知識を補いつつ、精神の柔軟性、創造性を育てる教育。子どもを自然に親しませる教育。子どもがいま生き、これからも生きていけるのは自然のおかげなのだ。そのうえ自然は、子どもに、生命の美しさに目覚めさせ、生命にたいする責任感を自覚させる。こうしたすべてのことが、子どもの良心を育てるうえで、とても大切なのである。

木や草が美しく花開くために、木や草に養われる動物たちがよく育つために、そして人間が生きるために、地球はほめ称えられねばならない。

# 〈地球とヒューマニズムのための運動〉関連情報

シリル・ディオン
〈地球とヒューマニズムのための運動〉事務局長



## どのように行動するか 新しい政治概念

講演や研修の終わりに、あるいは友人同士のパーティの席で、さらには町内の集会で、「わたしたちに何ができるだろうか」という訴えをしきりに耳にする。何年かまえから、迫り来る危機的状況を深刻に憂慮するとともに、より正しく、より公平な世界、自然が大切に保護され、わたしたちの個人生活および社会生活がより整合的に営まれるような世界を渇望するひとたちに出会うことがますます多くなった。

同時にまた、市民レベルで、現代世界のかかえるさまざまな問題を解決するための方策が矢継ぎ早に考え出されてもいる。かなりの数の社会運動、協会、市民グループが、フランスおよび世界のいたるところで結成されつつある。それらのほとんどは、まだ互いに連携するまでにはいたっていないとはいえ、そうした機運の盛り上がりによって、環境保護活動や社会運動に参加するひとや組織の数が、これまでの数十年間にくらべ、飛躍的に増えたことはうたがいない。

それにつけても、問題の解決策を求めるひとたちが、どうして解決策を提案するひとたちに出会うことができないのか、あるいは出会おうとしないのか、と頭をひねりたくもなる。危険が間近に迫っているときに、しかも人類の生き残りがかかっているというのに、そのための能力と手段を、どうしてうまく結び合わせることができないのだろうか。

### 〈解決策〉はすでに存在している

一般論として言えば、危機にたいする〈解決策〉は、まだ試験段階とはいえ、すでに存在している。新しい技術、生産・供給・消費サイクルの新しいシステム、個人同士および組織間のコミュニケーションおよび意見交換の新しいあり方、意思決定の新しいプロセス、個人居住および集団居住の新様式、新しい教育システム、新しい通貨など。

いくつかの例を思いつくままに挙げてみよう。

――サンフランシスコの太陽光発電システム。住宅用の電力をまかなっている。

――アフリカのマイクロクレジット。農民たちが小規模なヤギ飼育事業を始めるのに必要な資金を融資している。

――ゲランドの塩田職人[1]が、ギニヤの農民に無償で技術指導している。そのおかげで、一ヘクタールあたりの米の収穫量が三十パーセント増加するとともに、環境保護（とりわけ森林の保全)にも役立っている。

——農学者・経済学者であるジャック・ガスク(一九三〇年ブラジル生まれ、二〇一二年パリで死去)は、画期的でしかもきわめて簡便な灌漑方法を使って、セネガルの乾燥地帯に十五年間で三万本もの木を植えた。

——南アフリカの無償大学。その教育効果によって、失業者数と犯罪件数が大幅に減った。

——中国の中央に位置する武漢市は植物水質浄化装置[2▲]を活用、下水を百パーセント回収し、再利用することによって、市内の飲料水の使用量を五十パーセント削減している。

——ノール＝パ＝ド＝カレー県のある農民が発明したヴルカノ方式は、ディーゼル・エンジンに発泡装置を通して水を注入することによって、燃費を五十パーセント削減する(年間七百五十時間運転するトラクターでは、三千ユーロの軽油を節約できる)。この装置は、すでに二百五十ほどのトラクターおよび漁船のエンジンに設置されている。

しかし、以上のような解決策も、それ自体としていかに有効であろうと、それを生かすべき社会状況や、それを実行する人間の問題を根本から考え直さなければ、大きな効果をもたらすことはできないだろう。


〈北〉におけるＡＭＡＰ(農民のための農業を守る会)の例

ピエール・ラビが書いているように、食糧危機こそ、今日、〈南〉のみならず、〈北〉においても、緊急の課題になっている。彼がさきに指摘したいくつかの要因のなかでも、石油の埋蔵量が少なくなり、そのために原油価格が急騰したことが、先進国においても食糧供給能力が急激に弱体化している最大の理由である。食糧品が法外な値段で取引され、日々投機の対象になっているだけでなく(今日、それは明白な事実である)、従来の農法では、生産コストそのものがますます上昇していくだろう(一トンの肥料を製造するのに二・五トンの石油が必要である)。自然農法によって生産し、市場の相場変動の影響を受けないよう、地域内で消費すること、つまり地産地消こそ、食糧危機を回避するための不可避の方策となるだろう。

今日、つぎのことを確認しておく必要がある。

第一に、フランス国民が消費している食糧品はほとんど輸入に頼っており、国内で生産されるのはごく一部に過ぎないこと。

第二に、市場原理の支配下に置かれている農業生産者は、なかば構造的に農業の企業化と化

1) ロワール＝アトランティック県にある塩田から伝統的製法で自然環境を守りながら良質の塩を産出している。
2) 小石や砂を敷いた池で、バクテリアを利用したり、葦などの草を植えたりして、水を浄化させる。

学農法を強いられ、そのため広大な農地での単一栽培を余儀なくされており、しかも彼らの収入は、質のよい作物を安定供給することによってではなく、大量生産と助成金によって保障されているということ。

以上のことを踏まえたうえで、わたしたちはどうすべきか。

まず一般市民は、自分たちの食べる食糧品の生産に関して責任を持つことを求められる。その生産地、栽培方法、作物の質などについても、つねに監視し、正確な情報を得ておかねばならない。

AMAPのシステムはきわめて簡単である（最初は日本[3]から、ついでドゥニーズ&ダニエル・ヴュイヨン夫妻によってアメリカから、導入された）。

——消費者はグループを作り（だいたい三十人から八十人）、生産者に前払いで収穫物、果物、野菜、肉、チーズ、卵などを予約しておく。

——このように消費者によって収入を保証されることで、生産者は、市場の相場変動の影響や卸売センターの圧力を回避できるし、同様にまた、不作のリスクを分散できる。有機栽培で多種類の作物を同時に育てることも可能になり、しかもそれほど大きな農地を必要としない。

——毎週、生産者は会員に十から十五ユーロ相当の収穫物を配達する。

こうした簡単な方式を採用することが、どれほどの効果をもたらすのか、また何をどのように変えることになるのか、疑問に思われる向きもあろう。しかし子細に見ていけば、それがどれほど大きな変革を意味するか、よくお分かりになるはずである。

有機栽培で収穫された果物や野菜を産地直売することは、つぎのような効果や影響をもたらす。

——地域住民の食糧の安定確保に貢献する（農地が大切に守られるし、また地元農民が農業を安心して続けることができる）。

——地域社会のネットワークをしっかり維持できる。

——雇用を新たに創出する（単一耕作の大規模経営では少数の農業経営者で足りてしまうが、比較的規模の小さい多角経営の場合、それだけ多くの労働力を必要とする）。

——食べ物の質の向上と住民の健康や衛生に寄与する（農薬の使用量を減らすことで、水、食べ物、空気が浄化される）。

——水質汚染を防げる。

——地元住民の生活様式が多様になり、農地も多様化される。

——農地の健康を守る（耕作可能地の約三十パーセントが、この三十年ほどで、集約農法のために、す

3）一九七〇年代から生産者と消費者の「提携」という形で有機農業を進める運動が起こった。

つかり痩せてしまったり、赤土化したりしている)。

——輸送距離が短くなり、化学肥料も使わないので、地球温暖化対策としても効果がある。

——生物多様性を保護する(農薬や化学肥料は、植物相にも、動物相にも、致命的な影響を与えている)。

——伝統的な種の保存と保護に努めることによって、スーパーや八百屋の店先ではほとんど見られないような、さまざまな種類の作物(昔のトマト、コンフリーなど)を消費者に味わってもらえる。

——富の公平な分配に寄与することによって、農民たちの〈渡り鳥化〉を抑制する(大量生産と手厚い補助金によって、農産物の輸送費は価格全体の一パーセントほどに圧縮されている。そのため、たとえばアフリカのダカールでは、ヨーロッパから輸入した野菜や果物を、地元で採れたものの三分の一の値段で買うことができる。とうぜんながら、地元農民は農業で暮らしていくことはできず、〈渡り鳥〉とならざるをえない)。

ひとつの単純な選択が——たとえば、大型チェーン店に行くことをやめて、地元生産者から、直接、野菜や果物を買うことが——きわめて大きな意味を持つ。ひとりひとりがこうした選択を積み重ね、さらにそれが数百万の市民のあいだに広がっていけば、その効果は絶大で、社会を変える大きな力になることは容易に想像される。そうすれば、わたしたちは、個人的にも、集団的・社会的にも、自分たちの未来をみずからの手で切り開くことができるようになるだろう。

それはもはや夢物語ではなく、じっさい、教育、居住、交通、健康などの分野では、これに相当する実例がすでに存在しているのである。

## レゴ[4]の時代

まだ多くの分野で初歩的な段階にとどまっているとはいえ、解決策はすでに存在しているのだから、いま大切なのは、新しい方策を考え出すことよりも、すでにある解決策をうまく組み合わせることによって、相乗効果を生み出すことであり、さらにそれを、自分たちの理想や願いを日々の暮らしに生かす方法を模索している多くのひとびとに伝えることである。

社会問題や環境問題に詳しいカリフォルニアの弁護士ヴァン・ジョーンズが言っているように、「わたしたちはマジックテープの時代、レゴの時代にいるのであり、わたしたち自身が〈橋を架けるひと〉にならなければならない」。

わたしたちの行為のひとつひとつが投票である。

4）プラスチック製の組み立てブロックの玩具。

だが、どんな世界のために投票するのか？

多くのひとびとが抱いているにちがいない以上のような要望に応えるべく、市民社会に萌したふたつの運動、すなわち解決案を求めるひとたちの運動と解決案を提案するひとたちの運動が出会える場として、〈地球とヒューマニズムのための運動〉がピエール・ラビの強い慫慂のもとに設立されたのである。

こうした出会いから、多くのひとびとのあいだで、社会にたいする、さらには生活一般における、新しい姿勢・態度が芽生えることをわたしたちは期待している。それは、自覚と責任と行動を伴う、優れて政治的な姿勢となるはずである。

わたしたちは、ひとりひとりのひとが、またグループが、日常生活におけるひとつひとつの行為、たとえば、食べること、着ること、移動すること、住まうこと、教育を受けること、情報を得ること、意見を交換すること、等々を通じて、自分たちが理想とする世界をみずから選び、実現するのに必要な力をさらに身につけてほしいと願っている。

現在の代議制民主主義の正当性を問題にするわけではないが、市民のひとりひとりの見識ある実践活動が十分反映されるような政治体制にしていかなければならない。

グローバル化された現代世界では、ひとつひとつの行為が投票の意味を持っている。現代の政治社会システムは非常に複雑であり、わたしたちの活動や行動も、ちょうど大工場の組み立て作業の工程のように、それぞれがばらばらで脈絡を欠いてしまっているので、ひとつひとつの行為に政治的意味があると言われても、たしかにピンとこないかもしれない。じっさい、ひとつのトマト、ひとつの鶏肉、ひとつの服を選ぶことが、また毎日身近に接するひとびとへのわたしたちの気遣いが、あるいは職場でどんな経営システムを採用するかということが、人類の進むべき道を変えることがありうると言われれば、誰しもびっくりしてしまうだろう。しかし、現在わたしたちが生きているこの世界も、そうしたひとつひとつの小さな選択の積み重ねの結果にほかならないのである。ただし、その小さな選択は、生産と消費を至上価値とする世界観に導かれていたと言わねばならない。それゆえ、ＡＭＡＰの例に見られるように、これまでとは反対の方向に向かってひとつひとつ小さな行為を積み上げることが、世界を変える大きな力になるはずである。

いま緊急の問題は、わたしたちが生きたいと願う世界を創造する仕事に、わたしたちが、それぞれの立場において、どうかかわることができるか、ということである。なにより大切なことは、わたしたちの計画、わたしたちの文化、わたしたちの生活様式を、その多様性、それぞれの個性、それぞれの独立性を尊重しながらも、相互に結びつけることであろう。

わたしたちはもはや、ひとつの経済システムないしひとつの政治イデオロギーが社会のあらゆる問題に答えてくれるだろうとは期待しないし、また一部のエリートや企業家たちが世界を正しくリードしてくれるだろうとも期待していない。今日、わたしたちは、自分の運命、そして子供たちの運命を、自分の手に取り戻す道を選ぶ。わたしたちは意味深いこの任務を、熱意をもって、一歩ずつ着実に、自分たちの尺度に合わせながら、実行していきたい。わたしたちの歩みに、他の多くのひとびとが加わってくれることを、わたしたちは願っている。そうすれば、やがて人類は、自分たちの未来を、運命として受け入れるのではなく、自分たちの手で選び取ることができるようになるだろう。

## 〈地球とヒューマニズムのための運動〉と関連したいくつかの実践例

### 新しい生活様式を提案し、普及させる

〈地球とヒューマニズムのための運動〉の目的は、何よりもまず、社会において人間と自然を最優先させる新しい生活様式を提案し、普及させることである。

たしかに現代世界の危機的状況について警告することは急務だが、それ以上に重要なのは、

現在の生活様式にとって代わるべき生活モデル、しかも親しみやすく、生活の質を高めるようなモデルを提示することだとわたしたちは確信している。

現在、貧窮に喘いでいるひとびとに救いの手を差し伸べるべく、最大限の努力をしなければならないのはもちろんのことだし、環境汚染の被害を抑えたり、改善したりするための対策を講じる必要があることも事実だが、そうであればこそ、これらすべての破局的状況の根本原因を除去することが肝要なのだ。そうした理由から、わたしたちは、フランス、さらには広く西欧全体を通じて、市民社会におけるひとびとの意識と生活様式を変革することに最大限の努力を注ぐことにしたのである。じっさい、自然環境的にも、社会的にも、ひとりひとりの住民の負荷がもっとも大きいのは、フランスをはじめとする西欧世界なのである。

〈地球とヒューマニズムのための運動〉と連携したいくつかの自主的活動例を以下に挙げたい。

1　畑をどのように耕すか、土壌をいかに肥沃にするか、収穫をどうやって増やすか、化学肥料や農薬を使わずに農地をいかに保全していくか。極貧の農民たちが食糧を自給し、自立するためにはどうしたらよいか。

この十年間、〈地球とヒューマニズムの会〉は、ボーリュー（アルデシュ県）の農場で、一般のひとびとを対象に、農業エコロジーの技術指導を続けてきた。同時にまた、アフリカの乾燥地帯の農民たちが食糧を自給し、自立するための技術を身につけるために、国際的な活動も行っている。

自然にもともと備わっている秩序と均衡から学ぶ農業エコロジーは、ひとつの倫理であると同時に実践活動であり、生きとし生けるものを大切にしつつ、農地の肥沃度を保ち、さらに改善する。農業エコロジーは、食糧の安定供給と食の安全衛生の高い基準を満たすとともに、農業資源の保護にも寄与する。

エコロジー的利点――土壌の保全と再生、肥沃で良質な腐植土の備給、水の使用量の抑制、生物多様性の尊重と保護、農地の浸食や砂漠化の防止（乾燥地帯でも可能）。

経済的利点――高価でしかも有害な化学製品（化学肥料、農薬など）を使用しないために、生産コストをかなり削減できること。〈南〉の農業資源の乏しい国々でも容易に応用できること。地域資源を有効活用することによって経済のローカリゼーションを促進すること。エネルギー依存と自然環境破壊の元凶である運送を削減できること。

社会的利点――個人のレベルでも、集団のレベルでも、食糧の自立が可能になる（ただし、足らないものは交換によって補い合い、そうした交換を通じて、互いに交流し、親睦を深めることも大切である）。

人口の大量移動や貧困ゆえの移民を減らすことができる。健康にもよい上質な食糧を大量に生産できる。

http://www.terre-humanisme.fr

2　教育、生産、変革、建設、住まい、水とエネルギーの維持管理、そうした問題を根本から考え直す。市民的自立の領域をいかに再生させるか。

2・1　アマナン

アマナン・エコセンターは、まさしく農業エコロジーによる生活様式の実験場である。同センターは、毎年、短期および長期滞在のビジターを多数受け入れている。

食べ物の大部分は、現地で生産され、加工され、消費される。

エネルギーは、ソーラー・パネル、風力発電、薪ボイラーによって、自給している。

建物は、すべてエコロジーの観点から設計され、省エネに優れ、しかも地域の天然素材を使っている。

雨水をタンクに溜め、農地の灌漑に利用している。

使用水を植物水質浄化システムで浄化し、再利用している。

センター内に設置した学校では、子どもたちに自然に触れる体験を通して学ばせ、とりわけ環境問題に強い関心を持つようになることを期待している。

http://lesamanins.com

2・2　ボリ

ボリ・エコサイトは、環境問題に関する意見交換と実験の場であり、各種グループ、青年団、ヨーロッパ各地からのボランティア、研修生、無償奉仕者などを受け入れている。サイト内外での環境教育を主とした実地指導、具体的活動を基本とするリーダーの育成、学生や一般人を対象としたテーマ別研修、仕事の手伝いや何でも相談などを行っている。

http://ecolieuxdefrance.free.fr/LES_SITES/Ecosite_la_Borie.htm

http://www.pierreseche.net/laborie.htm

3　子どもたちの教育を考え直す――競争から協力へ、依存から自立へ、成績主義から人間性の開花へ。子どもと老人、世代間のつながりをいかに取り戻すか。

一九九九年から、〈子ども農園〉は、幼稚園児、小学生、そして中学生(二〇〇九年開設)の子どもたちを対象に、モンテソリ教育法[5]による教育活動を農園内で行っている。この学校は、従来の教育に飽き足らない家族のために、あるいは子どもとのよりよい関係を模索しているひとびとのために、まったく新しいコンセプトによる教育機会を提供している。

この学校で行われている教育は、とくに以下のような考えを基本にしている。

生きるための教育——生きていくのに不可欠な知識や技能の習得（学校生活や実生活を円滑に営むための基礎能力、庭仕事、大工仕事、手仕事の基礎技術など）、自分を知ること、意識・良心の発達をうながすこと。

平和のための教育——子ども会議の実践、民主制システムの実地体験、非暴力的なコミュニケーション、ひとの話を聞くこと、感情を抑えること。

エコロジー教育——自然環境を発見し、その知識を深めること、とくに自然の潜在力と多様性を知ること、資源を大切に守ること、エコロジーの実践活動、廃棄物の分別とリサイクル。

社会教育——芸術家、専門家、科学者、旅行客などをゲストに招いたり、退職した老人たちと生活をともにしたりする〈出会い〉の教育。

〈子ども農園〉は、教育、エコロジー、世代間交流を三つの柱とした「生活の場」の中核として創設されている。それゆえ、学校はいずれ、ひとつの集合住宅に組み込まれることになる。こ

5）マリア・モンテソリ（一八七〇年イタリア生まれの医師・教育者、一九五二年没）が創始した教育法。

の集合住宅は、エコロジーの観点から厳選された建材を使用し、エネルギーもほぼ完全に自給でき、特別な法的措置によって営利活動をいっさい締め出している。ここには、退職した高齢者だけでなく、現役世代のひとびとも、個人、夫婦、家族で入居できる。

〈現役〉世代のひとびとの入居が認められているのは、ひとつにはこの施設の倫理憲章に謳われているからであるが、この施設の使命とも深くかかわっている。つまりこの施設は、教育、エコロジー、農業、職人仕事の分野における専門的ないしは職業的な人材養成をめざしているからである。またこの「生活の場」に引退した高齢者がいることによって、世界中の伝統社会に見られる自然な社会的つながり、つまり、老人がのけ者にされることがないばかりか、老人の知恵や経験が生かされる、そうした社会的つながりを再現できる。高齢者たちの多くはまだ矍《かく》鑠《しゃく》としており、この「生活の場」に積極的に参加することもできるが（庭仕事、家事、芸術活動、手仕事など）、もちろん、ひとりで静かな時間を過ごすのも自由である。高齢者たちもまた、コミュニティの一員である以上、コミュニティを支えている基本的価値観を共有し、それに基づいた生活を送る義務があるが、具体的に何をどうするかは、彼ら自身の選択に委ねられ、しかも彼ら自身の生活リズムにしたがい、無理をせず、できる範囲でやればよいのである。このように、子どもたちと高齢者たちがさまざまな経験を共有することで、高齢者の知恵や経験が子どもたちの教育に大いに資することになる。とりわけ、菜園や果樹園でともに作業することは、自然と親しみながら、農業エコロジーについて、世代の垣を越えて語り合うよい機会になるはずである。このように世代間の垣根を取り払うことによって、老若男女を問わず、誰もが精神と心を大きく開き、すべてのひとが互いに支え合い、助け合うような関係作りに努めるようになるだろう。

http://www.la-ferme-des-enfants.com

4　財政的裏付けに乏しい場合、どうすれば生活の質を改善することができるか。過疎化が進んだ農村地帯で、経済活動と社会生活をいかに再生させるか。都市と田舎の関係をいかに再構築するか。

サハラのオアシスに生まれたピエール・ラビは、不毛な砂漠のただ中から湧き出すこのいのちの源泉に深い愛着を持ち続けてきた。彼が〈あらゆるところにオアシスを〉の運動を始めたのも、いま世界中で進行しつつある人間の、経済の、精神の砂漠化をなんとか食い止めようという願いからである。

この運動に賛同した多くのひとびとが、個人で、あるいはグループで、各地に定住し、自立した生活を再建すべく努力している。生活に必要な技術（作物の栽培方法、大工仕事）を習得しなければならないことはもちろんだが、良好な人間関係、社会関係を築き上げることも大切である。数多くの経験を積むことで、これらのパイオニアたちは、機械や道具を共同で使ったり、知恵を出し合ったり、それぞれの特技や専門知識を生かし合ったりして、かなりのお金を節約している。たとえば、家を共同で建てたり、駅まで行くのに車を乗り合わせたり、家電製品(洗濯機など)を共同で使ったり、菜園を共有したり……今日、彼らは、金とは別の力によって生活の豊かさを実現できるということ、また社会のパラダイムを変えることで、質の高い生活を享受することができることを証明している。

BP 14,07230 Lablachère. Tél. : 04 75 39 37 44

mouvementdesoasisentouslieux@orange.fr

5　宗教聖典では、生きとし生けるものの生命を大切にすべきことが説かれているが、こうした宗教的宣明を現在の修道院生活にどう生かすべきか。また、神に捧げられた生活と経済活動をどう折り合わせるか。

宗教聖典はいずれも、神の創造物はすべて〈聖なるもの〉であるとしている。ところが、今日、実際行動においても、言葉のうえでも、エコロジー運動に携わっている宗教者はきわめて稀である。この矛盾はいったいどうしたことだろうか。

ソランの正教会修道院では、この矛盾がみごとに克服されている。そのきっかけは、同修道院の修道士および修道女とピエール・ラビとの出会いであった。

現在、修道院の領内では、自然環境に配慮し、生きとし生けるものの生命を大切にする共同生活が営まれている。

――修道女たちが農業エコロジーに基づいて菜園を世話し、同修道院の修道士や修道女のみならず、宿泊者たちの分もふくめて、ほとんどすべての野菜をまかなっている。

――修道院の領内全体が生物多様性保護のモデル地区とされ、修道女たちが管理している。

――同修道院は、今日、有機栽培によるワインの生産販売で生計を立てており(年間約三万本)、その銘柄のひとつは地域のコンクールで優勝している。

ソラン修道院での以上のような活動がきっかけとなり、ピエール・ラビとルーマニアの正教会総主教との会見が実現した。その結果、同国のすべての修道院で農業エコロジーを取り入れるという壮大な計画が、目下、検討されている。この計画が実現すれば、同国の貴重な農民遺産のかなりの部分が保存されることになり、また数千人分に相当する良質の食糧を供給することが可能になるはずである。

Monastère de Solan, 30330 La Bastide-d'Engras.

Tél. : 04 66 82 94 25

6　政治にたいする熱意がすっかり冷めている現状で、いかにしてその熱意を呼び覚ますか。現代社会における三大要素（政治、経済、市民社会）のひとつである市民社会の役割をいかに拡大強化するか。

〈良心的抵抗への呼びかけ運動〉（MAPIC）は、二〇〇二年の大統領予備選挙に立候補した際、ピエール・ラビが掲げた政治綱領に基づいて組織された。この運動は、まずはひとりひとりの意識を変えることをめざし、それを結集して集団的力とすることによって、社会を根本的に変えようとするものである。〈良心的抵抗への呼びかけ運動〉は、他者の意見を尊重する非暴力的関係を通じて、政治的に無力感を抱いているひとびとに働きかけ、政治にたいする責任を自覚してもらう啓蒙活動を展開している。

——目覚めること、自覚すること。

——立ち上がること、活動すること。

同運動はまた、近隣社会の組織網を強化すべく、リーダーとして、あるいはパートナーとして、あらゆる対策を講じる。

会員の活動は多岐にわたっている。

――個人レベルでの活動。日常生活のあらゆる行為に整合性・一貫性を持たせる。

――地域での実践活動（経済的連帯、文化イベント、市民フォーラムなど）。

――地域レベルから国際レベルまで、さまざまな規模で、計画を立て、キャンペーンを展開し、活動網を広げる（食糧、健康、農業、再生エネルギー、倫理的金融政策、世界政治などの問題に関して、解決策を提示し、さらにそれを普及・浸透させる）。

http://www.appel-consciences.info

〈地球とヒューマニズムのための運動〉からの提案

1　現在の危機は何が問題であり、何が原因なのかを理解し、さらにこの危機からの脱出法を考えるための企画

――記録映画（『We feed the World（ありあまるごちそう）』、『牧草』などの映画と連携する形で、コリーヌ・セローが制作し、二〇〇九年に封切った）

――本（出版社アクト・シュドと共同出版し、エコ関連書籍流通網を通じて販売しているシリーズ）
――研修
――講演、討論会（映画の放映、イベントなどのあとで）
――ウェブ・サイト
ピエール・ラビのブログ―― http://www.pierrerabhi.org/blog
〈地球とヒューマニズムのための運動〉のブログ―― http://www.mthblog.org
同サイト―― http://www.mvt-terre-humanisme.org
および上記関連協会のサイト

2　どのように活動すべきかを知るのに役立つ活動家たちのポータル

――行動や生活様式の提案、それを身近なところで実行に移すための方法（生産者、職人、技術指導者、建築家などを見つける）。

――新しい提案のサイトを、個人的に、あるいはグループで、立ち上げる。

――活動家たち（AMAP、有機野菜市、エコ建築家、自然教育や農業エコロジーの研修施設など）とコンタクトをとりながら、活動の場を広げ、集団的行動に参加する。

3　年鑑で地域の会やグループを調べ、それらの会やグループに参加し、身近なところから運動を起こす

4　協力組織網のウェブ・サイト

——〈地球とヒューマニズムのための憲章〉に賛同する多くのひとびとや組織と連携する。

——能力、経験、資金面で協力し合い、地域、地方、国、さまざまなレベルで、共同計画を立てる。

——地域で行われている計画や活動を知る。

——理論的・実践的コンテンツ（実用カード、ガイド、使用法など）を共同で作成する。

5　地方の組織、会、グループのために

地方の組織、会、グループの構成や活動内容を、一般公衆、とりわけ関係する地域のひとびとに、広く伝えている（〈地球とヒューマニズムのための運動〉は、自分たちの運動への参加を求めるのではなく、身近な地域の会やグループへの参加をうながしている）。ポータル・サイトの年鑑に、それら

の会やグループ名をその組織内容とともに掲載し、それによって、新規加入者の募集、場合によっては、新たな資金の獲得に貢献している。

6　社会改革と連帯をめざす経済活動（食品、手仕事、住居、教育）に従事するひとびとのためにエコロジーや社会的公正の観点から、みずからの生活様式を改善しようとしているひとたちを〈地球とヒューマニズムのための運動〉のポータル・サイトで詳しく紹介し、また地図で住所を示すことによって、彼らが相互に知り合う手助けをしている。

もっと多くのことを知りたい方は、以下を検索していただきたい。

http://www.mvt-terre-humanisme.org

# 訳者あとがき

武藤剛史

## 客人ピエール・ラビ　いのちの国からの使者

ピエール・ラビは、はるか遠くからやってきた。「はるか遠くから」というのは、三重の意味においてである。第一は地理的意味において、第二は歴史的意味において、第三は人間論的意味において。

ともあれ、まずは彼の経歴を簡単にたどっておこう。

ピエール・ラビは、一九三八年、アルジェリアのケナサというところで生まれた。サハラ砂漠の外縁部に位置するオアシスの町である。父は鍛冶屋であった。四歳のとき、母が亡くなり、父の意向で、彼はフランス人夫婦の養子になった。十年後、夫婦は彼を伴ってケナサから七五〇キロ離れたオランに引っ越したため、彼と肉親家族との関係はほとんど絶たれてしまった。その四年後、彼はキリスト教に改宗し、それによって、彼の精神的故郷というべきイスラム共同体からほぼ完全に締め出されることになる。一九五八年、アルジェリア戦争最中、ささいなことから養父と諍いになり、家にいられず、小さなアパートに引っ越し、銀行で働く。

翌年、フランスに渡航、パリ近郊の農業機械製造工場で一般工員として働く。一九六〇年、のちに妻となるミシェルと知り合い、ふたりは都会を離れ、田舎で暮らそうと決意する。受け入れ先をあちこち探したあげく、ようやくアルデシュ県のヴァン郡に住む医師ピエール・リシャールから、ふたりを受け入れてもよいという返事をもらい、この医師の世話で、彼の家の近くに居を定めることができた。農業の経験がまったくないピエール・ラビは、農業の基礎を習得すべく、農場の見習いとして働き、農業実習修了証書(農業経営者になるための資格)を獲得する。ミシェルと結婚するが、しばらくは別居生活が続く。ピエールは、化学肥料、農薬、交配種を使う現代農業に強い疑問と不安を抱く。友人の医師ピエール・リシャールも、彼の疑問や不安を裏付ける証言をする。また医師からエレンフリート・プファイファーの『大地の豊かさ』という本を贈られ、有機農業のことを知り、直観的にこの農法の正しさを確信する。一九六二年、長女が生まれたのを機に、妻ミシェルもアルデシュに来る。ピエールは、農場で働きながら、適当な農園の売り物件を探す。一九六三年、ピエールとミシェルは素晴らしい土地を発見、すっかりその土地が気に入った。モンシャン農場である。しかし、この農場は規模も小さく、石ころだらけの痩せた土地で、おまけに電気も水道も引かれていなかった。誰もがこんな辺鄙な土地に住んで農業を営むのは自殺行為だと言い、銀行も採算が取れるはずはないとして融資を拒否した。それでもあきらめないふたりに、かつてピエールが見習いとして働いていた農場の経営者であるティボン氏から救いの手が差し伸べられる。アルデシュ県選出の上院議員でもあったティボン氏は、この地方の過疎化に心を痛めており、この勇気ある夫婦を助けようと思ったのだ。そのおかげで、銀行からの融資を受けることができ、無事、愛するモンシャン農場を手に入れることができた。

もちろん、最初からうまく行ったわけではない。果樹を植え、廃屋になっていた家を全面的に改修し、乏しい水でも栽培可能な野菜作りを試み、さらに山羊の飼育を始めた。とくに山羊の乳を使ったチーズ製造が貴重な現金収入となり、数年後には農園経営も軌道に乗ってきた。持ち前の器用さを生かしさまざまな手芸品を作って家計の足しにすることもあった。一九七一年、ようやく水道が引かれる。この頃から、六八年の五月革命に挫折した若者たちを含め、数多くのひとがモンシャン農場を訪れ、研修者として滞在する者もでてくる。年齢も社会階層もまちまちなこれらの研修者たちは、ピエールの農場経営の体験、有機農業の技術についてだけでなく、彼の生活哲学、世界観、生命論などについて話を聞きたがり、そうした求めに応じて、彼もしばしば話をするようになる。一九七五年、電気が引かれ、農園の生活環境もさらに改善され、有機農法の成果も十分満足のいくものとなってきた。ピエール・ラビのうわさは地方一帯に広がり、彼の話を聞きにやってくるひとの数も増える一方だった。

一九八〇年、CRIAD（農業開発のための農業経営者国際交流センター）所長から、彼の農業経営を紹介するよう依頼され、それ以来、世界中の農民たちの互助と連帯を目的としたこの組織に全面的に協力する。一九八一年、はじめてブルキナファソ（アフリカ大陸西部の内陸国）を訪れ、「国境なき農民」として、現地の若い農業経営者たちと交流、各地で講演する。翌年には、同国の若い農業経営者を育成する組織の指導員に任命される。一九八三年、はじめての著作『サハラからセヴェンヌへ』を出版。一九八八年、ブルキナファソ北部のゴロム・ゴロムにCIEPAD（農業開発技術交流センター)を創設し、地域資源の保護、農業経営者の育成、農業エコロジー(agroécologie——有機農法を基本に、農業、エコロジー、農民の自立、経済のローカリゼーション、食の安全などを一体化した総合的活動)の技術を普及させるための国際プログラムに着手する。一九八九年、ブルキナファソでの経験を語る『たそがれへの奉献』を出版。一九九三年、パレスチナの村で、農業エコロジーの普及計画に携わる(この事業は現在でも継続され、パレスチナ全体に広がりつつある)。一九九四年、「ピエール・ラビ友の会」が結成される。のちに「地球とヒューマニズムの会」と改称されるが、農業エコロジーの普及と実践を目的として、フランス国内のみならず国際的にも活発な活動を続けている。チュニジアのオアシス保全と保護のための国際シンポジウムに参加、それ以来、オアシス保全・保護と同国における農業エコロジーの普及のための活動を行う。一九九六年、「あらゆるところにオアシスを」運動を構想し、そのマニフェストを起草する。一九九七年、国連から「食の安全と健康の専門家」として認定されたほか、砂漠化防止協定の構想・策定に携わり、その実現のための具体策を提案する。二〇〇二年、友人たちに強く推されて大統領予備選挙に立候補する。この選挙活動を通じて脱経済成長、地産地消、あらゆる生命の尊重、女性性に基づく変革、「地に足をつける生活」などを訴える。二〇〇三年、「良心的抵抗への呼びかけ」運動を始める。二〇〇八年、「地球とヒューマニズムのための運動」を立ち上げ、みずからの思想の普及に努めるとともに、人間と社会の根本的変革の実現をめざす。この運動は、その二年後、NGO「コリブリ」となる。二〇一〇年、食の安全、健康、食糧自給による自立を普及させることを目的とするピエール・ラビ財団を創設する。

ピエール・ラビが「はるか遠くから」やってきたというのは三重の意味においてであると最初に言った。すなわち、地理的意味、歴史的意味、そして人間論的意味である。もちろん、この三つの意味は互いに密接に結びついている。アルジェリアの田舎に生まれ育ったピエールが、フランスへやってきたということは、イスラム文化圏を離れ、キリスト教文化圏に入ったことを意味するし、また後進国から先進国へ移り住んだということでもあろう。しかし、そうした空間的・文化的、社会的距離に加えて、歴史的にも、彼は「はるか遠くから」やって来たと言える。

ピエールが生まれたとき、アルジェリアはすでにフランスの植民地になって久しく、彼の故郷である田舎町にも近代化、ヨーロッパ化の波が押し寄せつつあったが、まだ伝統社会の風俗習慣は色濃く残っていたし、とりわけ、老人たちの意識や思考は近代化、ヨーロッパ化をまったく受けつけなかった。そうした伝統社会の雰囲気の中で幼年時代を過ごしたピエールだが、近代化の波は容赦なくこの田舎町をも襲い、あっという間に伝統社会を破壊してしまった。この町の近くに炭鉱が発見され、その採掘に若者たちが雇われるようになり、そのため、貨幣経済が浸透し、ヨーロッパの商品が大量に出回るようになったのである。ピエールの父も、鍛冶屋の仕事がほとんどなくなってしまい、炭鉱で働くほかなかった。父が、周囲の反対を押し切って、ピエールをフランス人夫婦の養子にしたのも、自分自身の経験から、近代化、ヨーロッパ化の波に乗らなければ、自分の息子の将来はないと思いつめたからである。もちろん、当時四歳だったピエールに、父がどのような思いを抱いていたかは正確には分からなかったが、何か重大なものが決定的に失われたことだけは、たしかに感じとっていた。

「鍛冶屋だった父が、ほかのみんなと同じように、毎晩、炭鉱から真っ黒になって帰ってくるのを見るたびに、少年の心は乱れた。彼の偶像が辱められたのだ。仕事場は閉じた貝のように沈黙していた。二度と開かないその扉のうえには、はるか昔からの、だが突然断ち切られた、なつかしい思い出だけが、色あせて残っているだけだった。〔…〕父の屈従が少年の胸に不可解な傷を残した。」

こうした急激な社会の変化に、誰もがとまどい、混乱していた。つぎのエピソードは、そのとまどいや混乱がいかなるものであったかをよく物語っている。

「新しく雇われた炭鉱夫のなかには、最初の給料を貰うと、仕事に戻らない者もいた。一か月ないし二か月後、ようやく戻ってきたとき、雇い主がなぜもっと早く戻ってこなかったのかと叱責すると、彼らは、あっけらかんとして、お金が使い切れなかったからだ、と答えた。つまり、お金があるときに、どうして働くことがあるのか、というのが彼らの言い分なのだ。」

彼らの言い分は、現代人の常識からすれば、まったく奇妙な論理であり、ほとんどこっけいでしかないが、しかし彼らの素朴な疑問は、人間の条件の本質的問題に通じている。つまり、人間は生きるために働くのか、あるいは働くために生きるのか、という問題である。言い換えるなら、人間の本質とは生きることにあるのか、それとも働くことにあるのか。近代化、ヨーロッパ化とは、人間論的に言えば、働くことを生きることに優先することであり、それこそ近代のイデオロギーであった。近代人は働くことを美徳とするが、働くことはほんとうに美徳と言えるのか。それは結局のところ、お金を貯めること、それによって資本の形成や蓄積に寄与することを奨励しているにすぎないのではないか。もちろん、伝統社会でも、ひとびとは働いていた。しかし彼らの場合、働くことは生きることであり、働く喜びは生きる喜びであった。働くことはみずからの生の表現であり、職業は彼らのアイデンティティ、彼らの人格そのものであった。

「わたしにも、ずっとあとになって、ようやくこうしたことが分かってきた。傲慢で全体主義的な近代化が、〈北〉であれ〈南〉であれ、数多くのひとびとをそうしてしまったように、鍛冶屋であったわたしの父のアイデンティティと人格を否定することによって、人間としての彼の存在を抹殺してしまったのである。さらに悪いことには、近代化は、すべてのひとの生活条件を改善するという口実のもとに、彼らの大多数を新たな形態の奴隷状態に追いやった。平等や公平性の考えをまったく無視して、一部の人間たちが莫大な資産を独占するばかりでなく、お金を豊かさの唯一の尺度とすることによって、前代未聞の不平等な社会を地球規模で作り出してしまったのである。」

近代化、ヨーロッパ化とは、要するに、お金をいのちに優先すること、言い換えれば、所有の原理を存在の原理に優先することであり、それによって、人間のいのち、人間の存在そのものが疎外されてしまう。幼いピエール・ラビは、そのことを本能的、直観的に感じとったのであり、それがのちの彼の生き方、さらには彼の社会的・政治的活動の原点にもなっている。

「のちになって分かったことだが、〔父の仕事場の〕鉄床の沈黙は、私の心に反抗の芽をひそかに植えつけたのであり、それが一九五〇年代の終わりに開花したのだ。当時わたしは二十歳だったが、近代化というものが途方もない欺瞞に見えてきたのである。」

もうひとつ、近代化、ヨーロッパ化に直面して、伝統社会のひとびとが強く感じた違和感は、土地にたいする観念の違いであった。近代化を推進すべくやってきたヨーロッパ人にとって、土地はあくまで収益を上げるための資源ないし資産でしかない。つまりそれは、金銭で買える所有物であり、売買の対象物にほかならない。たしかに、伝統社会でも、土地は所有され、私有されていたとは言えるが、しかしひとびとの精神のなかでは、土地は人間に属するのではなく、むしろ人間が土地に属していた。そうした伝統社会のひとびとの土地にたいする観念は、幼いピエールの心にも深く刻み込まれていたのであり、しかもそれは、彼の生涯を貫く人間観・世界観の核心であり続けた。この問題に関連して、ピエール・ラビはつぎのような話を好んで引用する。それは、原住民の諸部族が住んでいる広大な土地を買い取りたいというアメリカ大統領の申し出にたいする酋長シアトルの返答である。

「空や大地の暖かさをどうやって買ったり、売ったりできるでしょうか。そんな考えは、わたしたちにはまったく奇妙に思われます。わたしたちは空気の爽やかさや水のきらめきを所有しているわけではありません。だったら、どうしてあなたがたはそれを買うことができるというのでしょう。大地のどんなに小さな一片も、わたしの民にとっては神聖なのです。〔…〕大地はインディアンの母です。わたしたちは大地の一部であり、大地はわたしたちの一部です。薫り高い花々はわたしたちの姉妹であり、鹿、馬、大鷲はわたしたちの兄弟なのです、〔…〕人間も含めて、すべてのものが同じひとつの家族に属しています。そんなわけで、わたしたちの土地を買いたいというワシントンの大酋長〔大統領のこと〕の申し出は、あまりにも過大な要求と言わざるをえません。〔…〕わたしたちの土地を買いたいとおっしゃるあなたがたの申し出は尊重せねばなりませんが、それをお受けするのは、けっしてたやすいことではありません。この土地はわたしたちにとって神聖なのですから。〔…〕わたしたちは、少なくとも、つぎのことを知っています。つまり、大地は人間に属するのではなく、人間が大地に属するということを。あらゆるものが、ちょうどひとつの家族を結びつける血のように、互いに支え合っています。大地に起こるすべてのことは、大地の息子たちにも起きます。いのちの綱を綯っているのは人間ではありません。人間はその綱のなかの一本の糸にすぎません。人間がその綱に害を及ぼすとすれば、その害は人間自身にはねかえってきます。」

　現代の私たちにとって、土地とは人間が所有すべきもの、利用すべきものであるという考えはごく当たり前のことであるが、そうした考えが、伝統社会のひとびとには、とても奇異で、ほとんど受け入れがたいものであったことを、以上の話は如実に示している。しかし、それは単に土地だけの話ではない。近代の人間、そして近代の延長としての現代の人間にとって、自分以外のあらゆるものは所有、支配、管理の対象でしかないのであり、人間ですらその例外ではない。自然も、自然の中に生息するあらゆる動物、あらゆる植物も、人間が利用すべき資源にほかならない。客観的・中立的とされる自然科学も、そうした近代人・現代人の物の見方とけっして無縁ではない。自然科学が、ヨーロッパ近代に誕生した学問であることは偶然ではないのだ。つまり自然科学もまた、人間が中心＝主体となって、自分以外のすべてのものを対象化する物の見方にほかならない。自然科学の標榜する客観性・中立性とは、あくまですべての人間主観に妥当するという以上の意味を持たないのであって、人間中心的な物の見方であることには変わりない。だからこそ、科学が自然や生命への暴力にもなりうる。たしかに、科学もまた自然や生命を対象とすると主張するだろう。しかし、そのように対象化した自然や生命は、真の自然でもなければ、真の生命でもない。というのも、人間がまず存在し、その対象として自然と生命があるのではなく、自然と生命がまずあって、人間はあくまでその中で存在し、生きているのだ。それゆえ、人間が自然や生命を対象化したうえで、それを所有したり、支配したり、管理したりしようとするその態度自体が、すでに自然や生命にたいする暴力なのである。

近代および現代社会と伝統社会の人間観・世界観の根本的違いを指摘した以上のふたつの話から、どういう結論が導かれるだろうか。まず、伝統社会では、生きることを働くことに優先するのにたいして、近現代社会では、働くことを生きることに優先する。つぎに、伝統社会では、土地や自然を人間が生きる場、生命と存在の場としているのにたいして、近現代社会では、土地も自然も、人間が所有すべき対象物、利用すべき資源とみなされる。以上のふたつの話に共通するのは、伝統社会では、何よりもまず、生きること、存在することを大切にするのにたいして、近現代社会では、所有をすべてに優先している、ということであろう。近現代社会では働くことを生きることに優先すると言ったが、それは働くこと自体に価値があると考えているわけではなく、働いて金を稼ぐこと、金を貯めることに価値があると考えるのであって、ここでもまた、所有の原理が、生きること、存在することに優先している。

それでは、所有の原理がすべてに優先するとは、何を意味するのだろうか。それは、人間が絶対の主体となるということ、言い換えれば、人間が世界の中心、万物の主人になるということである。人間が絶対の主体となるとき、主体である人間以外のすべてのものは、その対象となる。絶対の主体である人間は、そうして対象となったすべてのもの、要するに世界全体を所有し、支配し、管理し、操作する権利を持つ。自然も、生命も、人間自身も例外ではなく、主体である人間の所有・支配・管理・操作の対象となる。それまで自然の桎梏のもとに喘いでいた人間、神の支配にひれ伏していた人間が、かくして真の自立を遂げ、究極の自由を獲得したというわけである。主体としての人間こそ最高の原理であって、それゆえに、人間は何をしようと、何を望もうとまったくの自由なのだ。このように近現代の人間像の本質とは、絶対の主体性ということにある。近現代のイデオロギーの核心に進歩発展の観念があるのもそのためであって、進歩発展とは、まさに絶対の主体性をどこまでも貫こうとする人間意志の表われであり、もはやこの意志に歯止めがかからないからこそ、社会は永久に進歩し、発展しなければならないのだ。

ピエール・ラビは、この進歩発展のイデオロギーこそ、現代社会の危機の元凶であると考えている。「もっと多く」という限りなき成長イデオロギーは、人間を絶対の主体とする人間中心の考えに基づくものであって、それは自然あるいは地球の有限性という限界に明らかに抵触する。「現代世界のあり方を決定づけている産業界主導の生産至上主義的モデルは、〈もっと多く〉という成長イデオロギーと、限りある地球から限りない富を引き出そうとするあくなき利益追求のうえに築かれている。地球資源は略奪されるか、さもなければ、人間同士の競争あるいは経済戦争に勝った強者が独占する。枯渇しつつある石油などのエネルギー資源の大量消費に依存するこの世界モデルは、とうてい普遍的、永続的ではありえない。」

それならば、自然資源が枯渇しなければ、あるいはそれに代わるエネルギー源が開発されるなら、問題は解決するのだろうか。だが、けっしてそうではないのだ。最大の問題は、「もっと多く」という成長イデオロギーの根本にある人間を絶対の主体とする考えそのものにある。この人間を絶対の主体とする考えは、自然の論理、地球の論理に反するばかりか、生命の論理にも反するのであり、それゆえにまた、真の人間性にも反する。

以上のように、ピエール・ラビは、二十一世紀を生きる人間としてはまったく例外的に、伝統社会の経験と記憶を持ち、伝統社会の立場から近現代の世界のあり方を批判していると言ってもよいだろう。そうした意味で、彼は近代化以前の伝統社会の貴重な証言者として、つまりは歴史的意味において、「はるか遠くから」やって来た客人なのであるが、そうした歴史的距離は、そのまま人間論的距離でもある。というのも、ピエール・ラビが人間を絶対の主体とする近現代の人間観を厳しく糾弾するのは、単に伝統社会の立場からの保守主義的批判でもなければ、資源枯渇や環境問題の観点からの批判でもなく(もちろん、それも大きいが)、それ以上に、人間を絶対の主体とする考えは、真の人間性、真のヒューマニズムに反し、それゆえに人間を疎外するという強い危機意識からである。すでに指摘したように、ピエール・ラビは、人間を絶対の主体とする考えに真っ向から反対している。

「地球という惑星はわたしたち人間の所有物ではない。わたしたち人間こそ、この惑星に属しているのだ。わたしたちは過ぎ去るが、地球はとどまる。」

「人間の勝手な要求に、宇宙が節を曲げて応えてくれるだろうと考えるべきではない。そうすべきなのは人間のほうなのだ。人間には現実を絶対的に支配する権利がある、などと主張するのは、まさにナンセンスである。」

「〔現代社会に重くのしかかる〕脅威の根本原因は、わたしたち人類が、みずからの驕りによって、自然と生命の秩序や調和を無残に破壊してしまったことにあるのだ。」

「わたしは、この四十年のあいだ、人類誕生以来、〈自然〉が人間に課してきた掟を、あらためて真剣に受け止め、それに誠実に応えることによって、〈自然〉と人間の歴史がついに和解し協調する道を見出すべく、そのための実践活動を行ってきた。」

人間は絶対の主体ではなく、地球という惑星に属している。人間はみずからの論理を宇宙あるいは自然に押しつけるのではなく、宇宙や自然の論理にしたがうべきである。たしかに人間は主体でもありうるし、また主体として生きざるをえないという一面はあるとしても、人間の本質は主体性にはなく、それゆえ、主体としての人間は真の人間ではない。そうではなく、地球、宇宙、自然に属し、地球、宇宙、自然の論理にしたがって生きる人間こそ、真の人間であり、そのような人間として生きることが真の幸福なのである。人間は地球、宇宙、自然によって生かされているのであり、地球、宇宙、自然は、人間にとって、何よりもまず生命の源泉であり、生きるための場である。人間は自分の力で生きているのではなく、地球、宇宙、自然によって、また地球、宇宙、自然という場において、生かされている。つまり、生命の主体、いのちの主体は、わたしたち人間自身ではなく、地球、宇宙、自然なのである。わたしたち人間は、地球、宇宙、自然に属し、地球、宇宙、自然の論理にしたがうという形において、地球、宇宙、自然からいのちを受け取り、そのいのちのなかで生きている。それゆえ、人間が地球、宇宙、自然から独立・自立して絶対の主体になるということは、人間を人間たらしめている根拠を失うこと、人間が真の人間ではなくなることであり、それこそ人間疎外にほかならず、そうした状態が人間にとって幸福であるはずはない。

伝統社会とは、基本的に、地球、宇宙、自然に属し、地球、宇宙、自然の論理にしたがって生きる社会、言い換えるなら、いのちのなかにあって、いのちの論理にしたがって生きる社会であった。しかし、伝統社会のなかに生きているひとびとは、ほとんどそのことに無自覚であっただろう。ピエール・ラビがそれを自覚しえたのは、かつて伝統社会に生きたことがあり、しかも、その伝統社会が破壊され、近代世界に追放されてしまったというみずからの経験によってである。伝統社会が破壊され、近代世界に追放されるということは、ピエール・ラビにとって、何よりもまず、いのちを失うこと、いのちから追放されることであり、それはそのまま、自己喪失、人間疎外にほかならなかった。

人間は地球、宇宙、自然によって生かされていると言ったが、具体的には、太陽の光と熱、地球の大気や水やミネラル、さらには食べ物としての植物や動物によって生かされている。とりわけ、食べ物としての植物や動物は、みずから採集したり捕獲したりしなければならないし、また毎日手に入れなければならないわけで、人間にとってまさに死活問題である。農業は、狩猟採集という形ではきわめて不安定であった食糧供給を、みずから生産することによって安定化させるということを目的とした生業であり、人間が生きるうえでもっとも大切な、まさにいのちに直結した営みである。そうした意味で、農業を営むことは、いのちと交流し、いのちと協働することにほかならない。

フランスに渡り、工員として働き、深い疎外感を味わっていたピエール・ラビが、田舎に住み、農業をやりたいと思ったのは、農業という営みを通じて、いのちと交流し、いのちと協働することで、そうした疎外感を克服し、真の自分を取り戻したかったからであった。ピエールが農業を、生計を立てる手段、さらには利潤をあげる仕事として選んだのではないことは、彼の土地の選び方からもうかがえる。彼が選んだのは、山間部の電気も水道もない辺鄙なところで、規模も小さく、石ころだらけの痩せた土地であった。周囲のひとびとは、こんな土地に入植することは自殺行為だと言ったし、採算の見込みも立たないということで銀行も融資を渋った。にもかかわらず、彼と妻がこの土地に固執したのは、その美しさからであった。つまり、ふたりは、この土地にはいのちが輝いていると直観したのである。ふたりはこの土地を、いのちのなかで、いのちにしたがって生きるべき場として選んだのだ。

ピエール・ラビが、化学農法を断固として退け、有機農法を選び、それをどこまでも貫こうとしたのも、化学農法が自然＝いのちに反するからであり、腐植土を肥料とする有機農法は自然＝いのちと調和すると考えたからである。彼にとって、化学農法は、自然＝いのちにたいする暴力にほかならない。化学農法を拒絶し、有機農法を採用することは、ピエール・ラビからすれば、近現代社会への反逆であり、自然＝いのちにしたがって世界を変革するための革命行為なのであった。彼は、やや冗談めかして、つぎのように語っている。

「わたしは暴力革命にはまる可能性もあったのですが、幸運なことに堆肥の穴にはまってしまったのです。もしあなたが腐植土を作るなら、それだけ、いのちに貢献することになります。」

ピエール・ラビが有機農法をみずから実践するとともに、それを可能なかぎり多くのひとびとに教え、世界中に普及させようとしているのも、有機農法は化学肥料、農薬、交配種を使わないことから経済的に安上がりである、また土壌の肥沃さを保全しつつ、安全でしかもおいしい作物を安定的に確保できるという理由もたしかにあるが、それ以上に、有機農法が自然＝いのちと調和する農法だからである。このように、ピエール・ラビの有機農業への関心は、もともと自然環境への関心と密接に結びついている。彼にとって、農業とエコロジーはひとしく、いのちに深くかかわり、互いに切り離すことができない関係にあるのだ。ピエール・ラビは、農業とエコロジーを結合させた農業エコロジー（agroécologie）という考えを打ち出し、それをみずからの実践活動としている。

「農業エコロジーは、自然の法則を生かした技術である。農業エコロジーは、農業の仕事は単なる栽培技術にとどまるのではなく、真のエコロジーの観点から、農業が営まれる環境全体を考慮に入れなければならない、という発想に基づいている。それゆえ、農業エコロジーは、水の管理、森林復活、土壌侵食との闘い、生物多様性の保護、温暖化の問題、経済システムとの関係、さらには人間と環境との関係、そうしたさまざまな問題を総合する多次元的な活動である。農業エコロジーは、土壌再生力としての腐植土の復活と、新しい社会形態を生み出す原動力となるべき生産・加工・配給・消費サイクルの再地方化、ローカリゼーションに、最大の力点を置く。」

しかし農業エコロジーは、何よりもまず、生命、いのちへの奉仕である。つまり、農業エコロジーとは、いのちの場としての地球、宇宙、自然に参与し、いのちと協働することにほかならず、そのように、いのちの場に参与すること、いのちと協働することが、わたしたち人間が真の人間になること、つまり人間としての本質を実現することである。かくして、みずからを絶対の主体とすることによって陥ってしまった人間疎外の状態を克服して、生きることの真の喜び、深い充実感を取り戻すことができる。

こうしたピエール・ラビの思想の普遍性は、たとえば、日本の生命科学者である清水博の「〈いのち〉と場の哲学」との照合によって明らかになるだろう。清水によれば、地球、宇宙、自然とは、何よりもまず、〈いのち〉の場なのである。ところが、この〈いのち〉の場は、人間が絶対の主体となることによって、つまりは地球、宇宙、自然を対象化することによって、否定されてしまう。それこそ、現代世界の最大の問題なのである。

「この「地球の生きものが共に場をつくり、場を共有する」という共存在原理は、人間の頭脳が生み出した人間中心的な地球の対象化――存在の天動説――によっては、原理的にも実行することはできません。そこで必要になってくるのは、「すべての生きものの〈いのち〉の居場所として、地球に、〈いのち〉の与贈循環によって生まれる対象化できない場をつくり、そこに存在して生きていく」という「存在の地動説」へのコペルニクス的転回――人間の社会的意識の変態――であることは言うまでもありません。地球を「すべての生きものの〈いのち〉の居場所」であると考えることは、自己と地球を天動説的に分離しないで、居場所としての地球の〈いのち〉を地動説的に自己の〈いのち〉を包む場であると考えることですが、その居場所は個体としての身体の〈いのち〉が感じる経験的世界であり、人間の頭脳が主客分離的につくり出した仮想的な空間ではありません。また実際、現在起きている文明の大きな転換は、「対象としての地球から〈いのち〉の経験的な場としての地球へ」と必然的に向かっていると、私は考えています。」

それゆえ、人間にとっての本質的な生の営み、つまり人間が真の人間となり、生きることの真の充実感と喜びを味わうための唯一の方法とは、自分のいのちを、〈いのち〉の場としての地球、宇宙、自然に捧げること、贈与することである。

「〈いのち〉の居場所に生きている人間の方から〈いのち〉の与贈循環を捉えると、――人間とその〈いのち〉の居場所が二重生命状態にあれば、人間が自己の〈いのち〉を居場所に与贈することが因になって、居場所の〈いのち〉が自己に与贈されるという果が生まれることになります。たとえるならば、人間の〈いのち〉の与贈は、自己という器から〈いのち〉が溢れ出て、その器が置かれている居場所という大きな〈いのち〉の器に贈り出されることに相当します。その結果として、今度は居場所の方から〈いのち〉が溢れ出て自己に贈り返され、自己の〈いのち〉がさらに満たされるために、再び〈いのち〉が自己から居場所に溢れ出ることになります。このようにして、自己と〈いのち〉の器の間で〈いのち〉の与贈循環がおきます。

ここで重要なことは、循環するほど〈いのち〉は増えるということです。それは居場所に与贈される〈いのち〉は、〈いのち〉を増やす自己増殖の活きをするからです。」「そしてこの与贈の結果として生まれる「〈いのち〉の与贈循環」によって、私たちは居場所の〈いのち〉に包まれて救済されるのです。また私たちの〈いのち〉の与贈によって、世界に居場所が生まれて、存在が救済された生きものたちの共存在状態(二重存在状態)が生まれるのです。」(『近代文明からの転回』)

ピエール・ラビは、以上の清水の所説を全面的に受け入れるだろう。

以上のように、ピエール・ラビの農業エコロジーを核としたあらゆる活動は、ことごとく〈いのち〉への参与であり、奉仕であるということができる。ピエール・ラビは〈いのち〉の国からの使者なのである。〈いのち〉は人間を超えた存在であり、人間はもとより、生きとし生ける者を在らしめ、生かしている究極の力なのだ。〈いのち〉は、人間を超えているがゆえに、神聖なる存在、目に見えないスピリチュアルな存在であり、それを神と呼ぶこともできよう。ただし、ラビは〈いのち〉をキリスト教やイスラムの神と同定することを慎重に避けている。それは、キリスト教の神にせよ、イスラムの神にせよ、あまりに人間中心的であると考えるからである。ラビは、人間が絶対の主体となって自然を支配し、人間以外のすべての生きものに優越する存在であると考えるにいたった元凶のひとつとして、そうした既成宗教の人間中心主義があると考えている。そうした人間中心主義に基づいてみずからを絶対の主体とする人間は、みずからを超えた存在としての〈いのち〉をも、みずからの対象、そしてみずからの所有物としてしまう。しかし、人間によって対象化された〈いのち〉、人間の所有物となった〈いのち〉とは、真の〈いのち〉、人間をはじめ生きとし生けるものを生かす根源的力としての〈いのち〉ではもはやない。

「奇跡という言葉をつねに耳にしますが、わたしにとって、奇跡とは日常的なものです。土にひとつの種を蒔くと、その種は成長し、やがて草や木になります。一粒の麦の種のなかには、地球全体を養うだけの力が潜んでいます。それこそ奇跡であり、超現実です。わたしたちは皆、超現実的能力を持っています。わたしには、それ以外に神の存在証明は不要です。すべては奇跡であり、わたしたちはその奇跡に浸されています。永遠とは現在の瞬間にあります。以上がわたしの宗教です。じっさいわたしは、神とは草木を養い育てる〈いのち〉なのだと言いたい。」

現代の緊急課題は、人間を超えた働きとしての〈いのち〉、主体としての人間の対象にはなりえず、それゆえ、人間の操作や管理や所有の働きがおよばない〈いのち〉を再発見することである。その再発見なくして、現代世界のいかなる問題も根本的には解決しえない。というのも、現代の破局的状況は、人間が絶対の主体となることによって、人間を超え、人間を生かしている根源的な力としての〈いのち〉、地球、宇宙、自然の魂としての〈いのち〉を否定し、忘れ去ったことから生まれている。

「現在の悲劇的状況を根本的に転換することをめざすには、わたしたちが作り上げてしまったこの世界を、政治的、経済的、社会的に理解することが不可欠である。しかしそれと同時に、わたしたちの内面の主観的・詩的次元をあらためて見直す必要がある。世界を変えるまえに、まずは世界に魂を吹き込まねばならない。世界を大切にするには、世界を愛し、じっくり観察しなければならない。わたしが〈地球のシンフォニー〉と呼ぶのは、この深い愛のことである。現在および未来の破局的状況を確認したり、予測したりして、警鐘を鳴らすだけでは、何ひとつ問題は解決しない。じっさい、解決策の具体化に向けて、わたしを行動に駆り立てているのは、まさしくこの愛なのである。自然の普遍的調和の観念を欠いたエコロジーは、単なる物質的現象の世界、科学的観察に限られた領域だけにかかずらって、現実の総体を統率しているあの壮大な知性の表われとしての根本原理——それを「霊的次元」と呼んでもいいが——をまったく無視してしまうおそれがある。わたしが創造世界の美しさに感動するのは、このシンフォニーが心と魂に伝わってくるからにちがいない。つまり、わたし自身がこのシンフォニーの小さな楽器のひとつなのであり、わたしの歓喜や感動を奏でることによって、何ものも侵すことも穢すこともできない至高の秩序を啓示する。」

地球、宇宙、自然は〈いのち〉の場であり、また〈いのち〉は地球、宇宙、自然の魂であり知性である。わたしたち人間の魂や知性も、地球、宇宙、自然に内在する〈いのち〉の魂や知性とけっして無縁ではない。

「わたしたちは、宇宙と呼ばれるこの広大な世界のなかで、異邦人として存在しているわけではけっしてない。おそらくわたしたちは、宇宙が自分自身を認識するために生み出した意識の種なのだ。〔…〕意識するとは、何よりもまず、愛すること、気遣うこと、そして感嘆することであり、それにたいして、意識しないとは、わたしたちの手に届くところにありながら、わたしたちの心からは遠く離れている、あらゆるものを破壊し、穢すことではなかろうか。」

このように、わたしたち人間の意識とは、ほんらい〈いのち〉の魂や知性から生まれたもの、〈いのち〉の魂と知性の写しと言ってもよいのだが、人間の自己中心性ゆえに、〈いのち〉の魂や知性から離脱し、〈いのち〉に反逆してしまう。しかし、〈いのち〉は人間の本質そのものである以上、〈いのち〉から離脱し、〈いのち〉に反逆することは、まさしく自己否定であり、人間疎外にほかならない。それこそ、現代のわたしたちが陥っている最大の不幸なのであり、この不幸から抜け出すこと、つまりは〈いのち〉との調和、一致、協働を回復することが、現代の最大の課題なのである。

「どうしてわたしたちは、自分のいのちの源泉にほかならない〈いのち〉にたいして、宣戦布告してしまったのか?」

ピエール・ラビは、危機に陥った現代世界を根本的に変革し、わたしたち自身を救うのに、もっとも必要なことは、「創造世界の美しさ」に感動する心を取り戻すこと、つまりわたしたちが「地球のシンフォニーの小さな楽器」となり、わたしたちの「感動や喜びを奏でることによって、何ものも侵すことも穢すこともできない至高の秩序を啓示する」ことであると考えている。そしてこの「至高の秩序」とは、〈いのち〉そのものの秩序であり、その秩序を動かす根源的力は〈愛〉にほかならない。〈いのち〉は人間の根拠・根源でもある以上、その〈愛〉はわたしたち人間のうちにもひそんでいるはずである。

「この世界は、わたしたちがうちにひめているもっとも美しいものによって救われるだろう。同情、分かち合い、節度、公平、寛容、あらゆる形態における生命への敬意、そうした美だけが世界を救うことができる。なぜならこの美は、わたしたちが〈愛〉と呼ぶ、何ものも及ばない大きな建設力をひめたあの神秘的な霊気に養われているのだから。」

このように、ピエール・ラビは、わたしたち現代人が遠く離れてしまった〈いのち〉の国からの使者なのである。はるか彼方の〈いのち〉の国からやってきた客人ピエール・ラビを歓待するか否かに、わたしたちの未来はかかっていると言っても過言ではなかろう。

## ピエール・ラビはいかにして農業エコロジーの推進者になったか

アルジェリアでの生活が行き詰まり、青年ピエール・ラビは、一九五九年、祖国を離れ、新天地を求めて単身フランスにやってきた。パリ近郊の農業用機器製造工場で一般工員として勤めることになったが、そんな会社勤めにも、またパリという大都会での生活にも、まったくなじむことができなかった。彼がそこで見出したのは、一言でいえば、現代社会における人間の疎外状況にほかならなかった。のちに「栄光の三十年」と呼ばれる高度成長時代の最中にありながら、ひとびとは機械的で陰鬱な日常生活に埋没し、しかも誰もが孤立し、孤独であった。そんな中、彼を救ったのは、同じ会社に勤めるひとりの女性との出会いであった。やがて妻となるミシェルは、彼の孤独感や疎外感を理解し、またそうした状況から脱出したいという彼の思いに強く共感してくれたのである。愛し合い、結婚することになったふたりは、生まれてくる子どもたちのことを考えた。いま自分たちが暮らしているパリ郊外の灰色の壁のなかで、あるいは大都会の喧騒のなかで、子どもたちを幸福に育てることはほとんど不可能に近い、自分たちと子どもたちがともに幸福に暮らしていくためには、何よりもまず、静かで美しい自然環境が必要であり、そのためにはすべてを犠牲にしてもよいとさえ、ふたりは考えるようになった。のちにラビは、つぎのように回想している。

「わたしたちは、まったく単純に、自然を身近に感じて暮らしたかったのです。それには農業を始めるのが最適だろうと思われました。」

そうしたふたりの思いは日に日に募り、その思いを親しくしているカトリック説教師に打ち明けたところ、アルデシュ県に住むひとりの医師を紹介される。医師ピエール・リシャールは過疎地の医療に献身するとともに、熱烈なエコロジストでもあった。リシャール先生は、自然のなかで簡素な生活を送りたいというふたりの思いに共感するとともに、ふたりを深く愛し、ふたりの結婚式まで取り仕切ってくれた。

しかし、ふたりにはほとんど貯金はなく、農場を手に入れるには銀行から融資を受ける必要があった。そこで農業銀行に相談すると、農業関係の事業で融資を受けるには農業免許が必要だと言われる。農業免許取得には、農業の基礎知識の修得と三年間の実施研修が必要である。そこでピエール・ラビは、希望に胸ふくらませながら、ある農家で研修を始めた。ところが、たちまちにして彼の夢は砕かれる。

「まず果樹の世話を任されましたが、それにはきわめて有毒な化学物質を使わなければならないことを知って、唖然としてしまいました。ほかに方法はないというのです。まるで工場のように、すべてが画一化されており、競争力を高めるためには、ひたすら経費を削減して、安価に生産しなければならないというわけです。わたしは、ほかにやり方はないのだろうか、もっと自然を大切にする農業がありうるのではないか、と思いました。じっさい、わたしが学ぶことになった農法はきわめて暴力的でした。どうして畑に毒を撒かなければならないのか、どうしてますます強力になる耕運機で土を虐待しなければならないのか。」

リシャール先生にこうした疑問を打ち明けると、先生もまったく同意見であり、彼は医師の立場から、農薬などの有害物質によって死んだり、麻痺などの後遺症に苦しんだりしている農民の例を数多く知っていた。しかもこうしたことはすべて、農業の産業化をひたすら推し進めたことの結果なのだ。

「わたしは、どんなことがあっても、こんな背徳的としか思われないシステムに巻き込まれるのはいやでした。良心に照らして、そんなことはごめんです。これが農業なら、農業などけっしてやるまいとひそかに思いました。そんなふうに絶望しかかっているときに、友人のピエール・リシャール先生が一冊の本を紹介してくれました。そしてこの本がすべてを変えてくれたのです。それはプファイファーというひとが書いた『大地の豊かさ』という小さな本で、最初の頁にルドルフ・シュタイナーの写真がありました。シュタイナーについては、当時、何も知りませんでしたが、ともあれ、私はこの本をむさぼるように読みました。読むにしたがって、心が沸き立ってきました。〈素晴らしい！　自然を大切にする農業を考えていたのは、わたしだけではなかったのだ！〉プファイファーが論じていたのはシュタイナーが提唱したバイオダイナミックといわれる農法であり、しかも彼が述べていることはすべて、みずからの実地経験に基づいていたのです。こうしてわたしは、進むべき方向を見出しました。そう、自然はわたしたちの母なのであり、わたしたちにはその母なる自然を毒物で汚染する権利などないのです。」

しかし、こうして学んだことを実践するには、何よりもまず、そのための場所を見つけなければならない。農業免許を取得すると早速、ピエール・ラビはふたたび農業銀行に融資の相談に行った。すると銀行は、彼が望んでいる以上の金額を融資しようと逆に提案してきた。つまり、これからの農業は、近代農法による大規模経営でなければ採算が取れないというのだ。ところが、ピエール・ラビが求めていたのは、ごく小さな農場、一家族がわずかな土地でもじゅうぶん幸福に暮らしていけることを実証するための、数ヘクタールの痩せた土地だった。

「こうしてミシェルとわたしは、理想の農場探しを始めました。過疎化が進み、無人化しつつあるこのアルデシュでは、選択に困るほど、たくさんの物件がありました。そしてついに、まさに自分たちが望んでいた通りの土地を見つけました。それは廃屋となった農場で、水道も電気も通っていませんでした。じっさいにそこに行ってみると、世界の果てに来てしまったようにも思いましたが、そこから広がる眺望に心から感動しました。天気のよい日には、あちこちの村々の教会の鐘塔を一度に十七も見渡すことができるのです。このモンシャンと呼ばれる農場は、銀行の査定では最下級にランクされていると注意してくれるひとがいました。じっさい、この農場はたった五ヘクタールの、しかも石ころだらけの痩せた土地だったのです。事情をよく知っているひとは、親切心から、わたしたちにこう言いました。〈あんたがたには、あそこに定住するなんてとてもできないよ。あんな小さな、しかも痩せた土地で暮らしを立てるなんて、どだい無理な話だ。一家で飢え死にしてしまうぞ！〉それでも、わたしたちはまったく考えを変えませんでした。とりわけ、妻のミシェルは、この農場を一目見ただけで、すっかり気に入ってしまいました。この土地が自分に運命づけられていることを、彼女は深く確信したのです。」

ミシェル自身、のちにつぎのように回想している。

「家はひどい状態になっていましたし、まわりの土地は石ころだらけでした。それでも、わたしたちにとって、この農場は幸福なユートピアだったのです。わたしは、自分のビオトープ(生息圏)をようやく見つけたのだと直観しました。いまに至るまで、ずっと、ここに生きることが幸福でしたし、生涯を通じて、日々、そのことを感謝しています。」

彼女は何ひとつ後悔しなかったが、とりわけ最初の何年かは、他人には想像もつかないほどの過酷な生活であった。というのも、ふたりはすべてを一からやり直さなければならなかったのである。家をすっかり改修しなければならなかったし、何トンもの小石を取り除いて、農地を修復しなければならなかった。借金の返済も待ったなしで、現金収入を得るために、山羊の飼育を始めた。しかも、こうしたすべてをやるのに、ほとんどお金がなかったのだ。そのうえ、最初の十三年間は電気もなく、八年間は乏しい井戸水や雨水で凌がねばならなかった。ミシェルは、こうしたすべてのことや子どもたちの世話に加えて、最初の数年は、家計を支えるために、十五キロもの距離を通って、ヴァンの町の秘書学校の講師を務めた。ピエールも自分の農場で長時間働いたうえに、近所の農場で手伝い仕事をしたり、鍛冶屋であった父親譲りの手先の器用さを生かし、木彫や彫金で手芸品を作ったり、家具を作ったりした。ピエールものちに、つぎのように回想している。

「近所のひとたちは、どうしてわたしたちがよりによってこんなひどい土地を選んでしまったのかと、不思議に思っていたようです。でも、わたしは彼らに事情を説明しようとは思いませんでした。説明してもむだなことは分かっていましたから。ミシェルと同様、わたしもまた、〈自分の土地〉をついに見つけたのだと思っていたのです。この土地の値段は安く、わずか一万五千フランでしたが、それでも、返済するのにとても苦労しました。しかし、わたしたちにとって大切なことは、自分たちが生きる場を見つけたということでした。それは精神の次元、〈美〉の次元にかかわる問題だったのです。」

最初のうち、家族がかろうじて住めるのは二部屋だけで、ろうそく、あるいは灯油ランプで明かりをとり、水は外の井戸に汲みにいった。ここで二番目の子どもが生まれたが、ミシェルは山のようなオムツを、戸外の氷のように冷たい水で洗わなければならなかった。

やがて、モンシャン農場は少しずつではあるが人間が住めるところになり、生活も徐々に軌道に乗っていったが、むろん、それはふたりが懸命に働いた結果である。土地は石ころだらけ、おまけに表面の石灰質の粘土層の下はひび割れの多い岩石なので、保水力がない。このような条件のもとでは、最初から豊かな収穫を見込むことはできなかった。いろいろ調べ、検討した結果、この土地を生かす最善の方法は山羊を飼育することだという結論に達し、それ以来、山羊を飼育することがミシェルのおもな仕事になった。山羊を育て、乳を搾り、チーズを作り、それを近隣の市場で販売する。丹精込めて栽培した野菜や果物とともに、山羊の群れこそが、ラビ一家が生き延びるための大きな力となってくれた。

そんな厳しい暮らしぶりを見かねた近所のひとたちが、こんなわずかな土地では生活していけるはずはないから、借金を増やしてでも、もっと広い土地を買ったほうがいい、近くにそんな土地はいくらでもあるのだから、とふたりに忠告してくれた。それでも、ふたりの考えは変わらなかった。自分たちはいま、自分たちにとっての〈最適条件〉のもとで生活しているのであり、それを逸脱するのは、自分たちの生活そのものを破壊することだと、ふたりは信じていた。のちに、ピエール・ラビはつぎのように言っている。

「何より大事なのは、みずからの手で自分を養うことができるということなのです。だから、わたしたちには菜園と果樹園が必要でした。土地は乾いて痩せていましたから、わたしたちはあらたに開墾し直し、土を肥沃にしなければなりませんでした。木もたくさん植えました。そのおかげで、じきに一家を養うに十分な野菜、穀物、それに果物が収穫できるようになりました。おいしいうえに、健康にもよいのです。そんなことでは、ぜんぜん儲からないではないか、そとに働きに出れば、毎月、二人分の給料を安定的に得ることができる、食べ物はスーパーで買えばいいではないか、と言われるかもしれません。たしかに、収益という点からいえば、その通りです。しかし、収益がすべてではないのです。わたしたちが言う〈土を耕す〉ということは、単に生産することではありません。それは生き方の問題であり、畑や自然、季節と一体となって生きるということなのです。わたしたちの家には、自然の恵みの力がみなぎっています。取れたばかりの新鮮な野菜や果物が食卓に並ぶと、これはわたしの労働の結晶だという実感が湧きます。それは、生命感にあふれた幸福な瞬間です。そればかりではありません。わたしたちは、自分たちに与えられた小さな土地のなかで、わたしたちを取り巻く自然の美しさを守っているのであり、そのことが何より大切なのです。」

こうして、長い年月と厳しい労働の結果、ピエール・ラビの無謀ともいえる実験は成功した。わずか五ヘクタールの土地からの収穫は年々増えていき、やがて調和と幸福に満ちた暮らしを営むのに十分な収益を上げるまでに至ったのである。しかし、すでに見たように、ラビ夫妻の目的は単に収益を上げることではなかった。彼らが長い年月にわたる厳しい労働に耐えることができたのも、彼らには、収益を上げること以上に、それとは別の幸福観と使命観があったからである。

「わたしの役割とは、もはや単なる農業家のそれではないのです。というのも、わたしがやるべきことは、単に畑から毎年一定の収穫を上げることではなく、恵みの大地の健康を復活させ保全するという壮大な営みに参与することであり、それがわたしの主要な関心事なのです。わたしが得た収穫物は、この原理への献身にたいする正当にして幸福なる報酬にほかなりません。このことは、わたし自身の十年以上にも及ぶ経験によって具体的に証明されました。その間、わたしは一貫して有機農業を実践してきましたが、その結果はことごとく、深く持続的な喜びをわたしにもたらしてくれました。わたしたちの土地は、乾ききって、扱いにくく、不愛想で、犂も通さないような固い土でしたが、それがしだいに、柔らかく、愛想のよい、わたしたちの要求に素直に応じてくれる優しい土に変わってきたのです。土はいかにも肥沃そうな褐色をしています。そこに潜んでいるのは、現代人が不幸にも見失い、奪われてしまったひとつの現実なのです。わたしもまた、その現実との根源的なつながりを原始人のように感じ取れるようになるのに、何年もかかってしまいました。」

ここでラビが言っている「現代人が不幸にも見失い、奪われてしまったひとつの現実」とは、人間はもとより、生きとし生けるものを生かしている〈いのち〉という現実にほかならず、この現実との根源的なつながりを取り戻すことこそ、人間のほんとうの幸福であり、また人間が真の人間に戻ることである。

「農作業というわたしの活動によってますます強まってくる〈いのち〉の目覚めとともに、わたしのうちに湧き上がる喜びは、真の愛の行為に由来するものなのです。この活動は、眠っている力を活性化させるためのひとつの儀式になりました。わたしのこれまでの歩みとは、幾多の伝統民族がそれぞれに感じ取っていた母なる大地の原初の精神を無意識のうちに探求すること以外の何ものでもなかったことに、わたし自身、長い間、気づきませんでした。ともあれ、土、植物、動物、人間、この四者の連帯は、四者いずれにとっても、きわめて有益です。というのもこの連帯は、生きるものすべてが本来属すべき真の文脈のうちにわたしたちを再統合するとともに、わたしたちのうちに宇宙の壮大なる均衡に共鳴する正しい響きを呼び覚ますからです。」

最後に、農業エコロジーの要ともいうべき堆肥について、ピエール・ラビはつぎのように語っている。

「わたしに言わせれば、堆肥は新しい農業の鍵であり、奇跡の質料なのです。堆肥を適切に用いるならば、化学肥料という有害物質をまったく使わない新しい農業を誕生させ、しかもそれを大規模に展開することが可能になります。もちろん、堆肥は腐植土を作るためのものです。あらゆる生きものは、もともと腐植土から生まれました。ちなみに、腐植土(humus)という言葉は、人間(humanité)や謙虚(humilité)という言葉と語源を同じくしています。それゆえ人間は、耕そうと思う土地に腐植土を与えなければなりません。この象徴は、生命は死を生み出し、死は生命を生み出すという厳粛な事実に結びついています。つまり、その起源からして、生命は腐植土をもとにして形成されているのです。腐植土こそ、生命の鍵なのです。以上のことを理解するなら、農業にとっていかに堆肥が重要であるかがお分かりになるでしょう。これまでのように、土に化学物質を無理やり混ぜ込むのではなく、まったく自然のやり方で、腐植土を作り出すことが大切なのです。まさにそれが農業エコロジーの根幹です。

具体的に、よい堆肥を作るには、厩肥〔家畜の糞尿と寝藁が混じったもの〕と多くの藁が必要です。できれば、厩肥と藁を等量くらいに混ぜる。厩肥もあまり古くないほうがよい。あまり長い間、厩舎に寝かしておいたり、外に置いたりすると、堆肥としての価値がなくなってしまいます。また水分を含みすぎている場合には、乾いた藁をもっと加えなければなりません。さもないと、あいだに空気が入らず、呼吸しなくなってしまいます。というのも、よい堆肥は呼吸する必要があるのです。それは好気性発酵と呼ばれる現象で、酸素が重要な役割を果たします。

好気性発酵をうながすためには、厩肥に十分な藁を混ぜ込む必要があります。それは、堆肥の中の通気をよくするためで、そうすれば、堆肥は呼吸することができます。まず最初に、堆肥を積み上げますが、できればそこに木を燃やした灰を加えます。ただし灰を加えすぎると、堆肥中のカリウムが過剰になってしまいます。つぎに、その堆肥の山に粘土か土を振りかけます。そのようにして積み上げた堆肥の山をいくつか作ったあと、さらにそれらの山を交互に積み重ねていき、最終的に、幅二メートル、長さ四から五メートル、高さ一・二メートルほどの大きな山にします。そのくらいの大きさの山が、通気と湿り気を保つのにちょうどよいのです。湿り気を保つのに、藁で覆ったり、葉のついた木の枝をのせたり、通気性のよい布をかぶせたりします。

何日かすると、いわゆる好熱性発酵が始まります。堆肥が熱を発生させるのです。この発酵は三週間くらい続きます。熱がおさまったら、覆いを取って、堆肥をひっくり返し、ふたたび発酵を促します。二か月もすると、発酵が終わり、堆肥は出来上がりです。出来上がったことは、悪臭が消えたことで分かります。出来上がった堆肥はよい匂いがします。堆肥は生きた有機体であり、バクテリアを大量に含んでいます。堆肥は、あなたがたの畑の酵母となり、畑を活性化させます。しかも、化学肥料のように人工的にではなく、まったく自然のやり方で、畑を豊かによみがえらせてくれるのです。」

## 現代世界と自給の思想

現代世界を特徴づけているのは、グローバリゼーション(世界市場化)であり、限りなき経済成長であり、さらには農業の企業化・国際化であろう。グローバリゼーションは、世界をひとつの市場とすることによって、近代化・文明化の恩恵を世界全体にくまなく浸透させることを目的とする。限りなき経済成長は、経済を限りなく成長させることだけがすべてのひとを貧困から救い、幸福な暮らしを保障するという考えに基づく。さらに農業の企業化・国際化は、食糧を効率的に大量生産することによって、地球上から飢えをなくすとともに、世界中のすべてのひとびとに食糧を安定的に供給することに寄与する。建前としては、そういうことになるのだろう。しかし、実際にはどうだろうか。グローバリゼーションは、多国籍企業の世界制覇にほかならず、それによって地域経済は壊滅的な打撃を受け、貧富の格差は拡大する一方である。また経済成長によってもたらされる豊かさの恩恵を受けるのは一部上流階層にとどまり、その豊かさがすべての階層に浸透するというのは幻想にすぎない。さらに農業の企業化・国際化がもたらしたのは、むしろ世界的規模の食糧不足であり、厳しい競争にさらされた農民たちの貧困化、さらには破たんである。

日本をはじめとして、いわゆる先進国に住む大半のひとびとにとっては、まだそれほどの実感はないかもしれない。むしろ、グローバリゼーション、経済成長の恩恵を受けていると感じるひとびとも、まだまだ少なくないだろう。しかしそれは、彼らがそうした恩恵を受けられる階層に属しているからである。じっさい、つい最近まで、日本では一億総中流化と言われていた。つまり、日本の大半のひとびとが、多かれ少なかれ、グローバリゼーションと経済成長の恩恵を受けることが可能だったのである。しかし繁栄の夢に浮かれていた当時の日本人の多くが知らなかったのは、あるいは知らないふりをしていたのは、そうした経済繁栄を享受できたのは、世界的に見れば、せいぜい二十パーセントの人間に過ぎないということである。要するに、経済的繁栄を世界中のすべての人間が享受することができるという考えはまったくの幻想にすぎず、繁栄の陰にはかならず搾取と貧困が潜んでいるということである。しかも、グローバリゼーションや経済成長が進行すればするほど、その恩恵を受けられる階層が減っていく。周知のとおり、西欧、アメリカ、日本などの先進国においても、中流階層が激しい勢いで没落しているが、それはグローバリゼーションや経済成長の恩恵を受けられないひとの割合がそれだけ増えたことを意味している。「一パーセントのリッチと九十九パーセントのプア」という言葉は、もはや、けっして誇張とは言えない段階に達しているのだ。

グローバリゼーションや経済成長の行く末は、すでに目に見えている。豊かさの寡占化、富や資本の集中化がさらに進み、多国籍企業を経営する一部経済エリートが世界全体を支配するところとなり、それ以外のひとびとの貧困化・隷属化が加速化するだろうし、その結果、社会・政治情勢が悪化し、暴動、テロリズム、戦争が多発するだろう。またグローバリゼーションや経済成長は、自己拡大を本質とするから、乱開発がさらに進んで資源の枯渇や環境破壊もいっそう深刻になるだろう。最終的には、地球や自然の有限性という壁にぶち当たることによって、グローバリゼーションも経済成長も自己破壊を引き起こすことだろう。

一部の悲観論者のみならず、ごく常識的な判断力と想像力を具えているひとであれば、以上のような危惧や不安を誰しもがひそかに抱いているにちがいない。にもかかわらず、わたしたちはそれを声に出そうとはしないし、グローバリゼーションや経済成長を阻止しようとは本気で思わない。それはほかでもなく、誰もがいま自分が享受している豊かさや便利さを手放したくないからである。車、パソコン、携帯電話、テレビ、冷蔵庫、エアコン、水洗トイレ、ユニット・バス、さらには鉄道、飛行機、デパート、スーパー、コンビニ、等々。そのうえ、経済が減速すれば、給料が減らされるばかりか、雇用すら危うくなるという深刻な心配もある。豊かさのうえに、またその豊かさが持続するという前提のもとに、ひとたび組織化され、制度化されてしまった社会において、個人の力でその豊かさに抵抗したり、自分から豊かさを放棄したりすることは、きわめて困難であることは言うまでもない。

しかし、わたしたちはつぎのようなことを真剣に考えるべきであろう。まず、豊かさの総量はつねに一定なのであって、自分が豊かであるとすれば、それは豊かでないひとびとの犠牲のうえに立ってのことである。しかも、すでに述べたように、グローバリゼーションや経済成長が進行すればするほど、貧富の格差は激しくなっていくのであって、いま豊かであっても、いつ貧困に陥るかもしれないというおそれは、ほとんどすべてのひとに当てはまる。さらに、現在の豊かさは、かならず未来の世代に、つまりはわたしたちの子どもや孫たちの世代に、大きな負債を遺すことになる。経済や財政のうえでもそうだが、自然環境のうえでもそうである。さらに本質的な問題として、経済的な豊かさが、人間にとって真の豊かさと言えるのかどうか。言い換えるなら、経済的に豊かになることが、ほんとうに幸福になることなのか。

もちろん、現在の社会経済システムのままの状態で、グローバリゼーションや経済成長が自己破壊を起こし、世界経済が破たんすれば、世界全体が未曾有の大混乱、大恐慌に陥るだろう。それゆえ、いまわたしたちがなすべきことは、グローバリゼーションや経済成長に依拠している現在の社会経済システムをすこしずつであっても変えていくこと、グローバリゼーションや経済成長に依拠しない別の社会経済システムを、最初は小さな規模ではあっても、徐々に作り出していくことである。それは、わたしたちの日々の自覚的行動、たとえば、グローバル企業の製品はなるべく買わないようにする、食料品であれば、輸入製品や大企業が大量生産した製品ではなく、地元で生産されたものを買うといったことから始める。本書の一節を引用しよう。

「グローバル化された現代世界では、ひとつひとつの行為が投票の意味を持っている。現代の政治社会システムは非常に複雑であり、わたしたちの活動や行動も、ちょうど大工場の組み立て作業の工程のように、それぞればらばらで脈略を欠いてしまっているので、ひとつひとつの行為に意味があると言われても、たしかに、ぴんとこないかもしれない。じっさい、ひとつのトマト、ひとつの鶏肉、ひとつの服を選ぶことが、また毎日身近に接するひとびとへのわたしたちの気遣いが、あるいは職場でどんな経営システムを採用するかということが、人類の進むべき道を変えることがありうると言われれば、誰しもびっくりしてしまうだろう。しかし、現在わたしたちが生きているこの世界も、そうしたひとつひとつの小さな選択の積み重ねの結果にほかならないのである。ただし、その小さな選択は、生産と消費を至上価値とする世界観に導かれていたと言わねばならない。それゆえ、ＡＭＡＰ〔農民のための農業を守る会〕の例に見られるように、これまでとは反対の方向に向かってひとつひとつの行為を積み上げることが、世界を変える大きな力になるはずである。」

要するに、いまわたしたちに大切なことは、人間にとって何がほんとうに必要なのか、何が本質的であるのかを、自分みずから正しく判断することであろう。この点において、理想主義者と言われるピエール・ラビの眼差しは、きわめて冷静で現実的である。たとえば、車がなくとも、飛行機がなくとも、あるいはパソコンや携帯がなくとも、さらにはテレビやエアコンがなくとも、人間は生きていける。もちろん、戦車、戦闘機、軍艦、ミサイルも不要である。きらびやかな衣装も、豪華な邸宅も、それがなければ生きられないというわけではない。たしかに人間が生きるのに衣類も家も必要だが、寒さや暑さ、雨や雪を防ぐことができ、また夜露をしのいで安眠できる場所を確保することができさえすれば、一応は事足りる。しかし、人間は食べなければならない、しかも食べることを一日たりとも欠かすことはできないのだ。

「すべてのひとに自分を養う権利と義務がある。あらゆる人間活動のなかで、農業こそ、もっとも本質的で、もっとも深く生命にかかわる営みである。」

以上がピエール・ラビの思想の原点であり原理である。人間が人間らしく生きるための、つまり他者に従属・隷属することなく、真に自立した人間として生きるための、基本的条件とは、「自分を養う権利と義務」にほかならないのであり、それゆえに、この「自分を養う権利と義務」を可能にする農業を社会経済システムの中枢に据えなければならない。ただし農業といっても、企業化・産業化した農業ではなく、自作自営の農業である。というのも、「自分を養う権利と義務」を満たすには、原則として、すべての人間がみずから農業を営み、みずから生産しなければならないからである。もちろん、それはあくまで原則であって、ピエール・ラビもそこまで厳密には考えていない。彼が提唱しているのは地産地消ということであり、自営農業を中核として地域経済を復活・再生させることである。

「地域で生産し、消費すること、つまり地産地消は、人間の基本的かつ正当な欲求を満たし、ひとびとの安心と安全を守るうえで、必要不可欠である。そうすれば、地域は、地元の資源を活用しつつ、大切に維持していくための自立的拠点になるだろう。とはいえ、地域間でそれぞれに不足しているものを補い合う交換を否定するわけではもちろんない。人間的尺度の農業、職人仕事、小売店……住民の大多数が経済の主人公になるためには、こうした仕事が復権し、復活することがぜひとも必要なのだ。」

農業がそうした地域経済の要となり、地域住民の食糧の安定的確保、そして食の安全と質の維持という役割を果たすためには、さらにまた地域資源の維持・保全という観点からも、農業の企業化・産業化はぜひとも避けなければならない。さもないと、偏った作物の生産を余儀なくされ、地域住民の食糧の安定確保という役割を果たせなくなるばかりか、農民自身、市場経済の競争原理に巻き込まれて疲弊していき、ついには競争に敗れて破たんするほかないだろう。たとえ成功したとしても、企業化した農業は、地元にほとんど何の益ももたらさないばかりか、地元の資源を食いつぶすことにしかならない。企業化・産業化された現代農業に向けるピエール・ラビの視線はことのほか厳しい。

「わたしたちの食の未来を左右するこの問題、とりわけ、人類の必要と欲求を効果的に満たすというもっともらしい口実を使いながら、じっさいには生命に不可欠の共同資産を食いつぶし、人類を飢えさせようとしている現代農業にたいして、わたしたちはけっして安閑としてはいられない。なぜなら、大地、水、動物や植物の種とその多様性は、現代農業が考えるような産業資源ではなく、人間を含めたあらゆる生きもののいのちと未来を保障する共同財産なのである。この共同財産を金儲けの手段として蕩尽しようとする投機経済の陥穽から、わたしたちは一刻も早く抜け出さねばならない。」

だからこそ、ピエール・ラビは、「自分の畑を耕す」ことにあくまで固執する。

「自分の畑を耕すことは、もっぱら営利や投機を目的とする独占企業の論理にたいする正当な抵抗活動である。資源の新たな見直しが必要である。人間が生きるに絶対必要な資源を保護したり、復活させたり、増やしたりするためのあらゆる行動は、公民活動として評価され、擁護されるべきである。こうした行動は、単なる商業的な思惑を越えて、人類が太古から営々と築き上げてきた農業という手段と方法によって、人類の生き残りを可能にしようとするものなのだ。資源は、過去、現在、未来を通じて、人類共通の財産であり、それを損ねたり、隠匿したりするなら、かならずや、人類全体に、物的にも、精神的にも、大きな損害をもたらすだろう。」

誰もがみずからを養うことができること、つまりは食糧を自給できるということこそ、個人であれ、地域であれ、国であれ、経済的自立と安全保障の要となる。

「何度も繰り返しますが、本質的な問題なので、もう一度言わせてください。現在の世界における唯一確かな価値とは、大地なのです。というのも、現在の世界において、ほんとうに安全を保障されているのは、唯一、自分の食糧を自給できるひとびとだけなのです。」

ピエール・ラビが、みずから提唱する「農業エコロジー」を世界中に普及させることに献身しているのは、世界のすべてのひとびとがみずからの手で食糧を自給できるようになってほしいという切なる願いからである。

「世界の食糧を将来にわたって安定的に供給するには、農業生産を世界のあらゆる地域にくまなく広げる政策が不可欠なことは明らかである。そしてそれは、わたしが〈農業エコロジー〉と呼んでいる方法を適用することによって、はじめて可能になるだろう。そうすれば、どんな土地でも安全でおいしい作物を豊富に収穫できるし、すべての市民が近くの農家や市場で新鮮なままに手に入れることができる。もちろん、輸送の手間も時間もかからない。国単位でも、国際的にも、そうした農業施策の大転換が必要である。どうしても足らないものは交易によって補い合うとしても、基本的には地域で生産し、地域で消費する、つまりは〈地産地消〉を世界的なスローガンとすべきである。そのためには、農地、水、種、農業知識や技術情報、それらを譲渡不可能な公共財産とみなす根本政策が確立されなければならない。国土整備は、人間の生命にかかわる資産の優先的保護を基本とすべきである。」

世界中で紛争が絶えず、テロリズムが頻発しているのも、その最大の原因は、貧困と飢えであり、また自分たちは搾取されているという怨念である。低開発国に経済援助や人道支援をいくらやってもほとんど何の効果も見られないのも、経済援助とは市場開拓や資源の確保の見返りにほかならず、それゆえ一部の特権階級を肥やすことにしかならないし、人道援助もまた、多くの場合、経済的搾取を糊塗するものでしかないからである。世界から紛争やテロリズムをなくし、真の平和をもたらす唯一の道は、世界のすべての国々、あらゆる地域の住民が食糧自給できるよう手助けすることをおいてほかにない。

最後に、以上のようなピエール・ラビの経済・社会思想をふまえて、日本の問題を考えてみたい。たとえば、現在進行中のＴＰＰ交渉において、農産物の貿易自由化が大きな焦点になっており、このままでいけば、かなりの分野で自由化を余儀なくされることになるだろう。もちろん、それは日本から多くの工業製品を輸出することの見返りにほかならないが、これ以上の農産物貿易自由化は、日本農業を壊滅させるおそれがあるばかりでなく、日本の安全保障をも危うくすることにもなりかねないだろう。そもそも、アメリカはどのような意図をもって農産物の貿易自由化を推し進めようとしているのか。堤未果は『(株)貧乏大国アメリカ』において、つぎのように書いている。

「石油価格急騰と異常気象による農業壊滅によって七〇年代に起きた世界食糧危機は、アメリカに大きなチャンスをもたらした。当時世界の穀物貯蔵の九五％は、アメリカ民間企業六社が押さえていたからだ。ここからアメリカ政府にとって食料の位置づけは、〈自国民の腹を満たすもの〉から〈外交上の武器〉に変わり、石油に続く新たな長期戦略になってゆく。他国への武器になり得る食糧輸出力拡大というこの新しい目的に沿って、アメリカ国内の農業政策は、急激に自由貿易仕様へと舵を切っていった。」

アメリカが日本に対してただちに食糧を「外交上の武器」として使うだろうとは思わないが、その危険性はつねに考えておく必要はあるだろう。周知のように、日本の食糧自給率はカロリーベースで五〇％を大きく割り込み、すでに四十パーセントを下回っている。ＴＰＰによって事態がさらに深刻化するおそれがあることにたいして、一方ではあれほど国防問題に熱心な現政権が、どうして手をこまねいているか、首をかしげざるをえない。それはおそらく、現政権がグローバリゼーションと限りなき経済成長をひたすら推進しているからであり、言い換えるなら、現政権は日本の世界企業と一心同体だからであろう。しかも現政権だけではなく、多くの日本人が、これまでに手に入れた豊かさを手放すことができないばかりか、これからも豊かであり続けることを望んでいるために、つまりはいまだに繁栄の夢をむさぼっているために、食糧自給という国家の存立と国民の生命にとっての根本問題を深刻に受け止めようとはしないのである。

かつて保田與重郎はつぎのように書いた。

「わが祖先は米作りに生業と生産の永遠性を信じたのである。この信は、権力の持続を信じ、財力の永久性を信じ、或ひは権威の徳政の永続を信ずることより、はるかにつつましい謙虚の態度と考えられ、しかもこの考え方のみが、永遠の根拠をいふ上で、唯一に正しいのである。それは平和の根柢にて、永遠にして、過不足のない生活だからである。米作りの構造は、米の生い立ちに於て、循環の思想を明らかにした。循環は永遠の信の根拠となる。生存競争によつて自然界をふくめて一切を解かうとする近代の闘争の考え方に対立するものである。」（『述史新論』）

言わんとすることは、根本において、ピエール・ラビと同じである。食の自給こそが平和の礎であること、農業こそが人間の本質的営みであること。豊かさ、繁栄の追及は必然的に闘争を引き起こす。戦争は豊かさや繁栄の追及から起こるべくして起こる。「戦争を抑圧しうるのは戦争の発生せぬ生活をつくる他ない」のであって、その生活とは、農業を主体とし、自給を旨とする生活以外にない。

最後にもうひとり、ピエール・ラビに近い考えをもった日本人の文章を紹介したい。本書でも紹介されている自然農法の創始者・福岡正信である。

「現代は、近代農業の美名のもとに、科学農法や商業農業が加速度的に発達して、過去の農耕を、非科学的な原始産業として、葬りさろうとしている時代である。経済的、企業的基盤の脆弱な日本農業などは、世界的規模の経済活動、商法のもとでは真っ先に壊滅の運命をたどらざるを得なくなるだろう。本来、農作物は売買の対象とされるべきものではなく、農業は企業として発達させるべきものではなかった。〔…〕近年農業の国際分業論が盛んであるが、一国一民族が分担したり独占すべきものではない。万国の万人が、必須とせねばならない根本的な仕事が農である。自らの食は、自らが作る。それは万人の基本的生活態度でなければならぬ。それは、どんな事態においても、最も安全にして豊かな生命の糧を保障するばかりでなく、日々人間が何によって生き、何を目ざして生きているかを確かめてゆく生活となるからである。」（『緑の哲学　農業革命論』）

## ピエール・ラビの経歴と主要著作

### 経歴

一九三八　植民地下のアルジェリア、サハラ砂漠に近い田舎町ケナサで生まれる。父は鍛冶屋だったが、植民地支配による近代化が田舎まで及んで、仕事がなくなり、炭坑労働者として働く。

一九四二　母が亡くなり、フランス人夫婦の養子となる。

一九五八　アルジェリア戦争最中、養父との関係が悪化、家を追い出され、銀行に勤める。

一九五九　フランスに渡り、パリに住み、農機具工場に一般工員として務める。

一九六〇　のちに妻となるミシェルと出会う。ふたりは都会を離れ、田舎に住もうと決意する。

一九六一　アルデシュ県(フランス中南部)に移り住み、農家で働きながら、農業技術を習得する。

一九六二　最初の子供が生まれる(一九七五年までに五人の子供が生まれる)。

一九六三　セヴェンヌ山地の麓で廃墟となっていた農場を手に入れることができたが、電気も水道もなく、家は全面的な改修が必要だったし、農場全体の面積も大きくはなく、しかも石ころだらけで痩せた土地だった。「そんなところに住むのは自殺行為だ」と言われながらも、ふたりがこの土地にこだわったのは、この土地が美しかったからである。化学肥料や農薬をふんだんに使う近代農法に疑問を抱き、有機農法を実践する。しばらく苦しい生活が続き、山羊を飼ったり、さまざまな手仕事をしたりして、生計を補う。

一九七一　水道が引かれ、農場経営も軌道に乗り、生活も安定してくる。うわさを聞いて、多くのひとが農園を訪れる。研修希望者も現われ、それを受け入れる。

一九七五　電気が引かれ、生活条件がさらに改善される。訪問者や研修生たちに、自分の経験や思想を語り始めるが、それが評判を呼ぶ。

一九八〇　CRIAD(農業開発のための国際農業経営者交流センター)所長から、彼の農業経営を紹介するよう依頼され、それ以来、世界中の農民たちの互助と連帯を目的としたこの組織に全面的に協力する。

一九八一　はじめてブルキナファソ(アフリカ大陸西部の内陸国)を訪れる。「国境なき農民」として、現地の若い農業経営者たちと交流、あちこちで講演する。翌年には、同国の若い農業経営者を育成する七つの組織の指導員に任命される。

一九八三　はじめての著作『サハラからセヴェンヌへ』を出版。引き続き、冬にはブルキナファソを訪れ、研修を行い、農業計画を実践する。

一九八八　CIEPAD(農業開発技術交流センター)をブル

キナファソ北部のゴロム・ゴロムに創設し、地域資源の保護、農業経営者の育成、さらには農業エコロジーの技術を普及させるための国際プログラムに着手する。

一九八九　ブルキナファソでの経験を語る『たそがれへの奉献』出版、農業大臣賞（農業社会科学部門）を受賞。

一九九三　パレスチナの村で、農業エコロジーの普及計画に携わる。この事業は現在でも継続され、パレスチナ全体に広がりつつある。

一九九四　「ピエール・ラビ友の会」が結成される。のちに「地球とヒューマニズムの会」と改称されるが、農業エコロジーの普及・実践を目的として、フランス国内のみならず国際的にも、活発な活動を続けている。チュニジアのオアシス（ユネスコの世界遺産に登録されている）保全と保護のための国際シンポジウムに参加、それ以来、オアシス保全・保護と同国における農業エコロジーの普及のための活動を行う。

一九九六　「あらゆるところにオアシスを」運動（エコ・ヴィレッジ普及の運動）を構想し、そのマニフェストを起草する。

一九九七　国連から「食の安全と健康の専門家」として認定され、さらに砂漠化防止協定の構想・策定に携わり、その実現のための具体策を提案する。

二〇〇二　友人たちに強く推されて大統領予備選挙に立候補する。この選挙活動を通じて、脱経済成長、地産地消、すべての生命の尊重、変革の心としての女性、「地に足をつける生活」などを訴える。

二〇〇三　「良心的抵抗への呼びかけ」運動を始める。

二〇〇五　「モロッコ・地球とヒューマニズム」協会を創設し、自然環境を守りつつ、そこに住むひとびとの生活条件の改善をめざす。

二〇〇八　「地球とヒューマニズムのための運動」を立ち上げ、みずからの思想の普及に努めるとともに、人間と社会の根本的変革をめざす。この運動は、二年後、NGO「コリブリ」になる。

二〇一〇　食の安全、健康、自給による自立を広めることを目的とするピエール・ラビ財団を創設。

主要著作


Du Sahara aux Cévennes, Candide, Lavilledieu, 1983 ; Albin Michel, 1995（『サハラからセヴェンヌへ』、精神的自伝）

Parole de terre, Albin Michel,1996（『大地の言葉』、アフリカを舞台にして、ひとたび普及した近代農業から伝統農業への回帰を語るフィクション）

L'Offrande au crépuscule, Candide, Lavilledieu, 1989 ; L'Harmattan, 2001（『たそがれへの奉献』、ブルキナフ

アソでの農業エコロジーの指導と普及活動の経験を語る）

Le Gardien du feu, Albin Michel, 2003（『火の守り手』、伝統民族の知恵のメッセージを伝えるフィクション）

Graines de possibles, Calmann-Lévy, 2005（『可能性の種』、エコロジストのニコラ・ユロとの対談）

Conscience et Environnement: la symphonie de la vie, éditions du Relié, 2006（『良心と環境　生命のシンフォニー』、農業問題、食糧問題、環境問題、理想社会をめぐる書簡体の評論集）

Manifeste pour la Terre et l'humanisme, Actes Sud, 2008（本書）

La Part du colibri, éditions de l'Aube, 2009（『ハチドリの役割』、コリブリ運動のためのパンフレット）

Vers la sobriété heureuse, Actes Sud, 2010（『幸福な節度に向けて』、地球を守り、人間同士の分かち合いと公平を実現するための政治姿勢・抵抗活動としての節度の勧め）

その他、多数の共著がある。

ピエール・ラビの人、活動、思想を知るための本として、以下がある。

Rachel et Jean-Pierre Cartier, Pierre Rabhi: Le Chant de la terre, La Table ronde, 2012
（『ピエール・ラビ　大地の歌』）

Olivier le Naire, Pierre Rabhi: semeur d'espoirs, Domaine du possible, Actes Sud, 2013
（『ピエール・ラビ　希望の種を蒔くひと』、対談集）

雑誌の特集号

Le Monde Magazine, 4 juin 2011: Pierre Rabhi l'écolo tranquille, 2011（「ピエール・ラビ、静かなるエコロジスト」）

KAIZEN, Hors-série No1: il était une fois Pierre Rabhi, 2012（「昔々あるところにピエール・ラビがいた」）

DVD

Pierre Rabhi: Au nom de la terre, Les films du paradoxe, 2013（「ピエール・ラビ――大地の名のもとに」）

武藤剛史（むとうたけし）

一九四八年、埼玉の田舎に生まれる。戦後とはいえ、武蔵野の伝統的な農村風景がまだ残っており、雑木林や手入れの行き届いた田んぼは美しく、小川にはメダカや鮒やみずすましが泳ぎ、田螺や蜆も生息していた。どの農家も堆肥を作り、耕作や運送用に牛や馬を飼っていた。それから六十年、新しい農業技術が導入され、機械化が進んだが、農村はますます疲弊し、荒廃していくばかりだ。

京都大学文学部でフランス文学を学び、おもにプルーストを研究する。共立女子大学文芸学部に勤務し、四十年近くフランス語とフランス文学を教えて今日に至る。またモーツァルトやバッハなどの音楽を愛し、キリスト教や仏教などの宗教思想にも関心を抱き、そうした方面の訳書も多数ある。

数年前、たまたまピエール・ラビの著作と出会い、彼の思想と生き方に深い共感を覚えた。本書の訳を思い立ったのも、日本のとりわけ若い世代の方々にラビさんの希望に満ちた力強いメッセージをお伝えし、反自然・反人間が極まった競争的・破壊的な現代社会から脱却し、人間と自然がともに尊重される世界を再生するための指針としていただきたいと願ったからである。

# 良心的抵抗への呼びかけ
## 地球と人間のためのマニフェスト

二〇一四年一二月一〇日　印刷
二〇一五年　一　月　五　日　発行

著者――ピエール・ラビ
訳者――武藤剛史

発行者――山本康
発行所――四明書院
〒一一三―〇〇三三
東京都文京区本郷一―二七―八―一〇〇三
電話（〇三）六七一五―九一九五
Fax（〇三）六二四〇―〇一八五
振替　〇〇一二〇―〇―三〇〇四六六
印刷所――株式会社理想社
製本所――株式会社松岳社


ISBN978-4-9906038-1-6 C0010